学术引领系列

未来10年
中国学科发展战略

国家科学思想库

纳米科学

国家自然科学基金委员会
中国科学院

科学出版社
北京

图书在版编目（CIP）数据

未来 10 年中国学科发展战略·纳米科学/国家自然科学基金委员会，
中国科学院主编 . —北京：科学出版社，2011
（未来 10 年中国学科发展战略）
ISBN 978-7-03-032311-8

Ⅰ.①未… Ⅱ.①国…②中… Ⅲ.①纳米技术–学科发展–发展战略–中国–
2011~2020 Ⅳ.①TB383-12

中国版本图书馆 CIP 数据核字（2011）第 184440 号

丛书策划：胡升华　侯俊琳

责任编辑：樊　飞　付　艳　程　凤／责任校对：刘小梅

责任印制：徐晓晨／封面设计：黄华斌　陈　敬

编辑部电话：010-64035853

E-mail：houjunlin@ mail. sciencep. com

科 学 出 版 社 出版

北京东黄城根北街 16 号
邮政编码：100717
http://www.sciencep.com

北京凌奇印刷有限责任公司 印刷
科学出版社发行　各地新华书店经销

*

2012 年 1 月第　一　版　开本：B5（720×1000）
2019 年 1 月第五次印刷　印张：9
字数：124 000
定价：50.00 元

（如有印装质量问题，我社负责调换）

联合领导小组

组　长　　孙家广　　李静海　　朱道本

成　员　　（以姓氏笔画为序）

王红阳　　白春礼　　李衍达

李德毅　　杨　卫　　沈文庆

武维华　　林其谁　　林国强

周孝信　　秦大河　　郭重庆

曹效业　　程国栋　　解思深

联合工作组

组　长　　韩　宇　　刘峰松　　孟宪平

成　员　　（以姓氏笔画为序）

王　澍　　申倚敏　　冯　霞

朱蔚彤　　吴善超　　张家元

陈　钟　　林宏侠　　郑永和

赵世荣　　龚　旭　　黄文艳

傅　敏　　谢光锋

战略研究组

组　长	洪茂椿	院　士	中国科学院福建物质结构研究所
副组长	侯建国	院　士	中国科学技术大学
	郑兰荪	院　士	厦门大学
成　员	解思深	院　士	中国科学院物理研究所
	赵东元	院　士	复旦大学
	范守善	院　士	清华大学
	魏于全	院　士	四川大学
	薛其坤	院　士	清华大学
	李　灿	院　士	中国科学院大连化学物理研究所
	冯守华	院　士	吉林大学
	高　松	院　士	北京大学
	欧阳钟灿	院　士	中国科学院理论物理研究所
	王恩哥	院　士	中国科学院物理研究所
	陈洪渊	院　士	南京大学
	张　泽	院　士	北京工业大学
	张　希	院　士	清华大学
	朱　静	院　士	清华大学
	钱逸泰	院　士	山东大学
	李述汤	院　士	香港城市大学
	王中林	教　授	佐治亚理工大学
	杨培东	教　授	加利福尼亚大学伯克利分校
	戴宏杰	教　授	斯坦福大学
	聂书明	教　授	艾莫瑞大学

秘　书　组

组　长	王　琛	研究员	国家纳米科学中心
副组长	陈拥军	研究员	国家自然科学基金委员会化学科学部

成 员	张 恒	研究员	中国科学院院士工作局
	刘忠范	教 授	北京大学
	成会明	研究员	中国科学院金属研究所
	陈 军	教 授	南开大学
	严纯华	教 授	北京大学
	彭练矛	教 授	北京大学
	朱 星	教 授	北京大学
	王 远	教 授	北京大学
	李亚栋	教 授	清华大学
	包信和	院 士	中国科学院大连化学物理研究所
	封松林	研究员	中国科学院上海微系统与信息技术研究所
	王春儒	研究员	中国科学院化学研究所
	李玉良	研究员	中国科学院化学研究所
	宋延林	研究员	中国科学院化学研究所
	李峻柏	研究员	中国科学院化学研究所
	江 雷	研究员	中国科学院化学研究所
	高鸿钧	研究员	中国科学院物理研究所
	卢灿忠	研究员	中国科学院福建物质结构研究所
	张 跃	教 授	北京科技大学
	许宁生	教 授	中山大学
	王柯敏	教 授	湖南大学
	蒋兴宇	研究员	国家纳米科学中心
	刘冬生	研究员	国家纳米科学中心
	张幼怡	研究员	北京大学第三附属医院
	阎锡蕴	研究员	中国科学院生物物理研究所
	王 牧	教 授	南京大学
	顾忠泽	教 授	东南大学
	韩艳春	研究员	中国科学院长春应用化学研究所
	顾 民	教 授	南京大学
	韩秀峰	研究员	中国科学院物理研究所
	赵宇亮	研究员	中国科学院高能物理研究所

总序

路甬祥　陈宜瑜

进入 21 世纪以来，人类面临着日益严峻的能源短缺、气候变化、粮食安全及重大流行性疾病等全球性挑战，知识作为人类不竭的智力资源日益成为世界各国发展的关键要素，科学技术在当前世界性金融危机冲击下的地位和作用更为凸显。正如胡锦涛总书记在纪念中国科学技术协会成立 50 周年大会上所指出的："科技发展从来没有像今天这样深刻地影响着社会生产生活的方方面面，从来没有像今天这样深刻地影响着人们的思想观念和生活方式，从来没有像今天这样深刻地影响着国家和民族的前途命运。"基础研究是原始创新的源泉，没有基础和前沿领域的原始创新，科技创新就没有根基。因此，近年来世界许多国家纷纷调整发展战略，加强基础研究，推进科技进步与创新，以尽快摆脱危机，并抢占未来发展的制高点。从这个意义上说，研究学科发展战略，关系到我国作为一个发展中大国如何维护好国家的发展权益、赢得发展的主动权，关系到如何更好地持续推动科技进步与创新、实现重点突破与跨越，这是摆在我们面前的十分重要而紧迫的课题。

学科作为知识体系结构分类和分化的重要标志，既在知识创造中发挥着基础性作用，也在知识传承中发挥着主体性作用，发展科学技术必须保持学科的均衡协调可持续发展，加强学科建设是一项提升自主创新能力、建设创新型国家的带有根本性的基础工程。正是基于这样的认识，也基于中国科学院学部和国家自然科学基金委员会在夯实学科基础、促进科技发展方面的共同责任，我们于2009年4月联合启动了2011～2020年中国学科发展战略研究，选择数、理、化、天、地、生等19个学科领域，分别成立了由院士担任组长的战略研究组，在双方成立的联合领导小组指导下开展相关研究工作。同时成立了以中国科学院学部及相关研究支撑机构为主的总报告起草组。

两年多来，包括196位院士在内的600多位专家（含部分海外专家），始终坚持继承与发展并重、机制与方向并重、宏观与微观并重、问题与成绩并重、国际与国内并重等原则，开展了深入全面的战略研究工作。在战略研究中，我们既强调战略的前瞻性，又尊重学科的历史延续性；既提出优先发展方向，又明确保障其得以实现的制度安排；既分析各学科自身的发展态势，又审视各学科在整个学科体系和科技与经济社会发展中的地位作用；既充分肯定各学科已取得的成绩，又不回避发展中面临的困难和问题；既立足国内的现状与条件，又注重基础研究的国际化趋势。经过两年多的战略研究工作，我们不断明晰学科发展趋势，深入认识学科发展规律，进一步明确"十二五"乃至更长一段时期推动我国学科发展的战略方向和政策举措，取得了一系列丰硕的成果。

战略研究总报告梳理了学科发展的历史脉络，探讨了学科发展的一般规律，研究分析了学科发展总体态势，并从历史和现实的角度剖析了战略性新兴产业与学科发展的关系，为可能发生的新科技革命提前做好学科准备，并对我国未来 10 年乃至更长时期学科发展和基础研究的持续、协调、健康发展提出了有针对性的政策建议。19 个学科的专题报告均突出了 7 个方面的内容：一是明确学科在国家经济社会和科技发展中的战略地位；二是分析学科的发展规律和研究特点；三是总结近年来学科的研究现状和研究动态；四是提出学科发展布局的指导思想、发展目标和发展策略；五是提出未来 5～10 年学科的优先发展领域以及与其他学科交叉的重点方向；六是提出未来 5～10 年学科在国际合作方面的优先发展领域；七是从人才队伍建设、条件设施建设、创新环境建设、国际合作平台建设等方面，系统提出学科发展的体制机制保障和政策措施。

为保证此次战略研究的最终成果能够体现我国科学发展的水平，能够为未来 10 年各学科的发展指明方向，能够经得起实践检验、同行检验和历史检验，中国科学院学部和国家自然科学基金委员会多次征询高层次战略科学家的意见和建议。基金委各科学部专家咨询委员会数次对相关学科战略研究的阶段成果和研究报告进行咨询审议；2009 年 11 月和 2010 年 6 月的中国科学院各学部常委会分别组织院士咨询审议了各战略研究组提交的阶段成果和研究报告初稿；其后，中国科学院院士工作局又组织部分院士对研究报告终稿提出审读意见。可以说，这次战略研究集中了我国各学科领域科学家的集体智慧，凝聚了数百位中国科学院院士、中国工程院院士以及海外科学家的战略共识，凝结了参与此项工作的全体同志的心血和汗水。

今年是"十二五"的开局之年，也是《国家中长期科学和技术发展规划纲要（2006—2020 年）》实施的第二个五年，更是未来 10 年我国科技发展的关键时期。我们希望本系列战略研究报告的出版，对广大科技工作者触摸和了解学科前沿、认知和把握学科规律、传承和发展学科文化、促进和激发学科创新有所助益，对促进我国学科的均衡、协调、可持续发展发挥积极的作用。

在本系列战略研究报告即将付梓之际，我们谨向参与研究、咨询、审读和支撑服务的全体同志表示衷心的感谢，同时也感谢科学出版社在编辑出版工作中所付出的辛劳。我们衷心希望有关科学团体和机构继续大力合作，组织广大院士专家持续开展学科发展战略研究，为促进科技事业健康发展、实现科技创新能力整体跨越做出新的更大的贡献。

　　纳米科技是一门新兴并迅速发展的交叉科学，涉及物理、化学、材料、信息、生物、医学、环境、能源等各个领域。国际上普遍认为纳米科技的发展将带来新的工业革命，并为人类经济社会发展带来新的机遇，将成为 21 世纪主流的科学技术之一。世界主要经济体都制定了纳米科技发展战略与计划，增加对纳米科技的投入，推进纳米科技的快速发展。我国纳米科技发展迅速，取得了令人瞩目的成绩，在国际上占有重要地位。为了进一步提升我国纳米科技的发展水平和发展速度，落实《国家中长期科学和技术发展规划纲要（2006—2020 年）》，总结已经取得的成绩和存在的问题，特编写本书，确立了未来 10 年纳米科技战略发展的重点和前沿。

　　本书是根据国家自然科学基金委员会和中国科学院的战略定位，对纳米科技的发展、纳米科技基础应用研究和人才培养，提出了具有目标性、可实现性的发展建议。本书内容主要包括纳米科技的战略地位、发展规律和发展态势、国际国内的发展现状、发展布局和发展方向、优先发展领域与重大交叉研究领域、国际合作与交流、未来发展的保障措施七个方面。结合我国科学研究和学科发展的特点，本书内容体现了继承与发展并重、机制与方向并重、宏观与微观并重、问题与成绩并重、国际与国内并重、专业与普及并重的特点。总结成绩，分析现状，重视问题，提出方案，旨在为我国纳米科技研究未来 10 年的发展提供参考。

　　在编写本书的过程中，由解思深院士、朱道本院士、陈洪渊院士、欧阳钟灿院士组成战略研究顾问组，由多个领域的 60 余位著名专家组成的战略研究组和秘书组，对纳米科技发展战略研究进行了认真、细致、系统的讨论。在第一次会议上（2009 年 6 月 12 日），战略研究组明确了本书中纳米科技研究的五个方向，即纳米材料、纳米表征技术、纳米器件与制造、纳米催化、纳米生物与医学；并确定由五个方向的调研小组分别就不同方向的发展规律和发展态势、国际国内发展现状、发展布局和发展方向、优先发展领域与重大交叉研究领域、国际合作与交流，以及未来发展的保障措施进行了调研，并形成初稿。在第二次和第三次会议上（2009年9月22日和2009年10月10日），战略研究组对本书的建议稿进行了认真评议。在此基础上战略研究组对书稿内容进行了反复修改，最终形成了定稿。

本书在编著的过程中，得到了诸多专家同行的大力支持，为本书的资料调研、组稿等做出贡献。参与提供资料和组稿的人员：纳米材料方向有姚建年、赵东元、李玉良、付红兵、胡文平、黄丰、陈军、郑南峰、孙晓明、韩艳春、王成、李亚栋、王训等；纳米表征技术方向有侯建国、薛其坤、王恩哥、陈洪渊、张泽、张希、朱静、李方华、王中林、王琛、刘忠范、彭练矛、朱星、包信和、高鸿钧、韩秀峰、裘晓辉、陈立桅、唐大伟、林璋、顾宁、郑泉水、蒋兴宇、杨延莲、王卓等；纳米器件与制造方向有封松林、侯建国、彭练矛、韩秀峰、张跃、张兴、张德清、郭万林、刘忠范、付磊等；纳米催化方向有洪茂椿、王琛、侯建国、李亚栋、寇元、刘中范、薛其坤、贺泓、吴自玉、江雷、李灿、包信和、李微雪、申文杰、付强、潘秀莲等；纳米生物与医学方向有刘元方、欧阳钟灿、张治平、张幼怡、贾光、阎锡蕴、李亚平、许海燕、方晓红、聂书明、刘庄、潘正伟、庞代文、顾宁、陈立桅、蒋兴宇、陈春英、梁兴杰、刘冬生、邢更妹、方海平、赵丽娜、谷战军、俞书宏、王雪梅、王国豫、赵宇亮、陈春英、祖艳等。包含纳米科技基础研究的五个重点方向的战略地位、发展态势和发展现状、已取得的成就、未来10年的发展方向、优先发展领域和重大交叉研究领域，并对纳米科技的国际合作交流、未来发展的保障措施提出了建议，从总体上为未来10年纳米科技的发展提供参考意见。

洪茂椿

纳米科学学科发展战略研究组组长

2010年11月10日

摘要

　　本书在回顾和总结我国纳米科技已经取得成就的基础上，对未来 10 年的发展战略、方向、优先发展领域和重大交叉研究领域提出建议，并分析纳米科技的国际合作交流态势和未来发展所需要的保障措施，为纳米科技未来 10 年的发展提供指导。

　　20 世纪 80 年代末 90 年代初以来，纳米科技在世界范围内得到了迅速发展，纳米尺度上的多学科交叉展现了巨大的生命力，迅速成为一个有广泛学科内容和潜在应用前景的研究领域。

　　纳米科技是提升国家未来核心竞争力的重要手段之一，也是新经济增长点的支撑技术之一。由于纳米科技对经济社会的广泛渗透性，拥有纳米技术知识产权并广泛应用这些技术的国家，在国家经济和国防安全方面处于有利地位。经济发达国家希望通过纳米研究整合其基础研究、应用研究和产业化开发，引领下一次产业革命；纳米科技同时也为发展中国家提供了在技术上获得跨越发展的机遇。我国作为参与推动纳米科技全球性发展的主要国家之一，一直高度重视纳米科技研发工作。在"十一五"期间，通过"纳米研究"重大研究计划对纳米科技进行了布局。2006 年国务院发布的《国家中长期科学和技术发展规划纲要（2006—2020 年）》提出纳米科技是我国"有望实现跨越式发展的领域之一"。我国的纳米科技发展迅速，整体研究开发水平已进入世界先进行列，部分方向的研究成果居国际前沿。我国的纳米科技研究一直坚持继承与发展并重、基础与应用并重，不断总结成绩，凝练方向，推动我国的纳米科技快速向前发展。

　　纳米科技是多学科交叉融合的集中体现，其核心问题包括纳米尺度下的物理、化学和生物现象，纳米结构组成的宏观材料或系统中的多尺度、复合化、智能化，多种性质协同效应，纳米系统与微米系统连接的界面体系等。为了实现纳米科技的可持续发展，保持并加强我国在纳米科技领域的国际竞争力，迫切需要开展面向国家重大需求的战略性基础研究，在物质、生物、能源、信息科学和工程领域开展原创性纳米尺度的研究，通过深入了解纳米尺度下材料生长、组装、演变、与生物体系的界面等基本过程，形成以原子、分子为起点的纳米材料研究、纳米结构设计和制备，以及新功能的发现能力，在这一重大交叉学科领域形成系统的研究成果，促进纳米技术在通信、能源、制造、健康和环境等领域的应用。

一、纳米科技在国际上的发展及研究特点

根据纳米材料发展趋势及它在高技术发展领域所占有的重要地位，发达国家的政府都部署了纳米科技研究规划。2000 年，美国国会通过了《国家纳米计划》（NNI），到 2009 年其投入已经翻倍，达到 15 亿美元。欧盟《第七框架计划（2007～2013 年）》将"纳米科学，纳米技术，材料与新的生产技术"作为优先发展领域，对纳米技术、材料和工艺的研发的投入达 48.65 亿欧元。俄罗斯近年来投入大量人力物力发展纳米科技，出台联邦专项计划《2008～2010 年纳米基础设施发展》，投入 152.46 亿卢布（约 6.22 亿美元）的巨额资金，统一国内相关研发资源，建设国家纳米科研公共平台，系统发展纳米科技产业。

与此同时，发展中国家同样认识到纳米科技将给社会经济带来巨大影响，为了不错过纳米科技的发展机会，也行动起来，出台发展战略，加大科研投入，以赶上全球纳米科技的发展步伐。例如，印度政府批准了印度科技部的《国家纳米技术计划》。该计划总投资 100 亿卢比，为期 5 年（2007～2012 年），内容包括人力资源开发、项目研究、卓越中心和科技孵化器建设、纳米科技产业化开发等。从纳米科技的整体发展水平和各领域的平衡性上考虑，发展中国家与发达国家相比还有较明显的差距，尤其在纳米科技应用领域及产业化方面发展较为薄弱。

总体来看，全球纳米科技的发展趋势主要有以下五方面特点：一是纳米科技的投入由主要集中在基础研究逐渐向基础研究、应用研究及产业化并举转变；二是由单一学科向多学科交叉和融合的方向发展；三是由独立工作向集成化和国际化方向发展；四是更加重视关键装备的研发；五是以材料为基础向生物和器件方面的应用发展。

二、纳米科技在我国的发展及研究特点

科学技术部、中国科学院、国家自然科学基金委员会、教育部等国家机构的投入为我国纳米科技研究提供了主要动力。在"八五"期间，"纳米材料科学"就被列入国家攀登项目。1996 年以后，纳米材料的应用研究开始出现可喜成果，地方政府和部分企业家的加入，使我国纳米材料的研究进入了以基础研究带动应用研究的新局面。2001 年，由科学技术部、国家发展计划委员会、教育部、中国科学院和国家自然科学基金委员会等单位成立了全国纳米科技指导协调委员会，并联合下发了《国家纳米科技发展纲要》。在该纲要的指导下各部门制订了研究计划或在已有的国家研究计划中增加了纳米科技的研究项目。

2006 年国务院发布的《国家中长期科学和技术发展规划纲要（2006—2020 年）》提出纳米科技是我国"有望实现跨越式发展的领域之一"。"十一五"时期，科学技术部围绕《国家中长期科学和技术发展规划纲要（2006—2020 年）》战略目标和国家发展重大战略需求，设立了"纳米研究"重大研究计划，还通过"973 计划"（国家重点基础研究发展计划）、"863 计划"（国家高技术研究发展计划）、国家科技支撑计划等加强对纳米科技研究的支持，在"十一五"时期累计投入 20 多亿元。近 5 年来，教育部通过"985 工程"和"211 工程"在全国各高校投入纳米科技研究经费逾 5 亿元。中国科学院国家知识创新工程组织了多项纳米科技的基础和应用研究，总投入约 1 亿元。

"十一五"时期，我国已建立 3 个国家级纳米科技中心，在北京建立了国家纳米科学中心，在天津建立了国家纳米技术产业化基

地，在上海建立了纳米技术及应用国家工程研究中心。中国科学院的多个研究所和很多高校也建立了70余个纳米科技研究平台。

在国家的大力支持下，我国纳米科技发展迅速，成果显著，形成了3000多人的高水平研究队伍。目前，我国在纳米材料领域的部分研究成果已处于国际领先水平，如在晶面可控的单分散纳米晶的控制合成、有机功能低维纳米材料、先进碳纳米材料、功能纳米多孔材料等方面取得了突出成果；纳米生物与医学研究起步虽晚，但研究水平提高迅速；在纳米表征、纳米生物安全、纳米催化等领域基本与国际同步；纳米器件研究的部分工作进入先进国家行列，如基于碳纳米管的多用途纳米材料和器件，高强度、疲劳寿命且耐磨损、耐腐蚀性的纳米化金属，高密度磁存储纳米材料和结构，成本低廉、发光频段可调的高效纳米阵列激光器，价格低廉、高能量转化效率的纳米结构太阳能电池，耐烧蚀高强高韧纳米复合材料；在纳米催化领域的成果主要有纳米催化的限域效应研究，形貌可控、超长寿命、高分散负载型催化剂的研发等；纳米科技在生物医学的应用同样取得了一定的进展，如人造纳米材料的安全性研究，用于组织修复、药物载体、医学诊治等方面的纳米材料研究，纳米仿生方面的成果等。这些进展充分显示了纳米科技在国民经济新型支柱产业和高科技领域应用的巨大潜力。根据美国科学引文索引（SCI）网络版，即"Web of Science"（SCIE）的统计，1998~2007年，我国纳米科技论文数量和总被引频次位于世界前列，分别处于第二位和第三位。

在中国科学院、国家自然科学基金委员会、科学技术部等单位的大力支持下，近年来相继有纳米科技领域的相关研究成果获得国家级奖励。例如，在2000~2008年国家科学技术奖中，与纳米科技相关的成果获国家自然科学奖一等奖1项、二等奖34项；获国家技术发明奖二等奖11项；获国家科学技术进步奖一等奖1项、二等奖8项。这说明我国纳米科技在基础和应用研究方面均取得了重要进展，并逐步体现出对产业化发展的重大促进作用。

2011~2020年，我国纳米科技发展战略目标是在若干有重要应用前景和研究基础的方向上取得重大进展，解决纳米科学中的若干重大共性和关键问题。在纳米材料、器件和系统、测量表征、生物医学等方面取得国际一流水平的成果；加强综合型人才队伍建设，培养一批高水平的学术带头人，形成在国际上有重要影响的研究群体；并对实现发展目标所需的体制、资源、人才等方面的政策提出建议。

本书中对纳米科技的五个基础研究方向，即纳米材料、纳米表征技术、纳米器件与制造、纳米催化、纳米生物与医学的发展规律和发展态势进行了系统分析，对优先发展领域与重大交叉研究领域、国际合作与交流、未来发展的保障措施提出了建议。以下分别对纳米科技研究的上述代表性方向进行简要说明。

纳米材料是纳米科技发展的重要基础，从 20 世纪 80 年代至今，经由超细粉体、纳米粉体等发展到尺寸/晶面可控的单分散纳米晶、纳米线/管阵列，对其性质的探索由单纯追求小尺寸、大比表面积向系统研究其物理和化学性质转变。1984 年，德国 Gleiter 首次采用具有清洁表面的纳米粒子压制出纳米块体，观察并提出了纳米晶界面结构模型；1983 年，美国 Brus 率先开展了量子点的制备及性质研究，发现了纳米尺度颗粒中的量子效应；1991 年，日本 Iijima 首次用高分辨电镜观察到碳纳米管结构；2004 年英国 Geim 发现了具有二维结构的碳纳米材料，从而推动了低维纳米材料的制备、性能及应用研究。科学家们在此过程中结合纳米表征技术的发展，揭示出在纳米尺度上材料所表现出的一系列独特性能，展示出纳米材料诱人的应用前景，有力地促进了物理学、化学、材料科学等学科的交叉融合，为纳米科技的发展奠定了基础。目前活跃的研究方向包括纳米材料的前沿探索，如碳纳米管、石墨烯等先进纳米碳材料，低维金属、氧化物和半导体等新型纳米光电材料，尺寸及晶面可控的单分散纳米晶，大面积自组织生长的有序纳米阵列材料，纳米尺度上的复合异质结结构材料，有序纳米介孔材料等；在合成的基础上，对纳米材料形成的热力学、动力学也有了一定的认识。但在纳米材料的可控宏量制备、结构与性能的调控及其重大应用等方面尚缺乏突破性进展。

纳米表征技术的发展在纳米科技发展中占有重要地位，是纳米科技发展的有力保障和重要基础。近年来，在高分辨结构信息和物理化学性质的定量或半定量分析方法方面已形成重要的研究热点。通过研究单分子电子态、自旋态及光子态等量子行为，实现对物质构造基本单元——分子的理解与调控，以及对由构筑基元组成的纳米材料乃至器件的光、声、电、热、磁等性能的研究。显微技术涉及的研究对象从原子、分子、纳米材料到功能器件和生物体等。高分辨的成像分析技术，高效的化学信息、物理信息识别技术始终是纳米表征领域发展的核心所在。

纳米器件与制造是纳米科技中的前沿和核心研究领域，能够有力推动纳米材料、纳米加工、纳米检测、纳米物理等其他纳米科学分支的发展。随着硅基微电子器件逐渐逼近其原理和技术上的极限，新一代纳米器件及制造技术已经成为国际上新一轮高技术竞争的焦点。随着纳米器件与制造领域的不断发展和完善，可将纳米器件与制造领域涉及的主要内容归纳为三个方面：基于量子效应等纳米尺度物理效应的器件原理与构筑技术；微纳信息器件、微纳机电器件及高效能量转换器件技术；纳米尺度的加工与制造。

纳米催化的发展规律和发展态势与纳米催化本身的基本特性密切相关。在纳米科学还没有兴起之前，传统的催化研究已经取得长足进展，随着纳米科技的发展、高分辨表征技术的应用和研究工作的深入，人们对纳米催化特性的物理根源有了更深刻的认识。目前主要的研究热点如下：利用纳米材料表面活性中心（包括配位不饱和原子，边、角、晶面、界面）、尺寸效应、载体效应、配体修饰效应、纳米孔道的空间限域、择形效应及纳米基元间的协同效应对催化剂性能进行有效的调控；发展新的合成方法，实现在原子尺度上构造、分布可控的多功能纳米催化材料；催化过程的原位动态表征；纳米催化的理论和计算方面。建议加强关于纳米催化的基础理论、纳米催化的实验技术和理论方法、纳米催化在能源问题里的应用等方面的研究。纳米结构催化剂研究对能源、环保、医药、农药及精细化工等领域的发展至关重要。

纳米生物医学是纳米科学的一个重要的分支。纳米结构的一系列独特性质和功能对生命科学和人类健康等领域的发展具有重要的应用价值。目前，纳米生物医学的主要研究前沿包括纳米体系与生物体相互作用过程中的基本化学与物理学问题，纳米结构材料/颗粒的毒理学效应与安全性问题，多功能生物医学纳米材料的设计与合成，纳米尺度药物和基因输送载体，重大疾病的早期诊断与治疗纳米技术，基于功能纳米材料的生物医学成像，纳米组织工程、再生医学中的纳米技术与纳米科学问题，纳米仿生技术等。

三、未来学科发展布局、优先领域与重大交叉领域

为使我国在纳米科技领域中取得更多原创性的成果，实现重点突破，解决国家战略需求中的一些关键性、应用性问题，以国家需求为索引，依据已有基础和发展前景，确立了2011～2020年我国纳米科技发展战略中的优先领域与重大交叉领域。

1. 尺寸及结构可控的纳米结构制备研究

发展尺寸和结构可控的纳米结构的合成方法，包括碳纳米管、石墨烯等先进纳米碳材料，低维金属、氧化物和半导体等新型纳米光电材料。重点研究纳米结构可控规模化制备、性能调控、自组装过程。发展晶面可控的单分散纳米晶控制合成方法，开展单分散纳米晶的"晶面工程"研究，兼顾均一性纳米结构的大规模合成；发展纳米晶催化剂的负载新技术，有效保持和发挥纳米晶催化剂的尺寸效应、表面效应（晶面）等优异性能；提高催化剂中贵金属利用效率，发展新型高效非贵金属催化材料；发展稳定纳米晶催化剂性能的结构策略。发展与器件应用相关的结构或材料的制备科学。

2. 有机功能低维纳米材料及器件

从功能有机分子出发，通过自组装形成具有确定结构和形状的功能性纳米结构材料，研究其结构和形貌的调控，探索有机纳米结构材料所表现的物性，研究它们在材料上的宏观表现。发展定向、维数可控、大面积、高有序自组装技术，发展综合性能优异的分子电子材料，实现这些材料在未来高技术发展中关键器件的应用。

3. 纳米结构物理化学性质的定量分析方法与纳米计量学

发展纳米尺度下各种物性及其输运性质的定性和半定量的表征方法，发展新的测量原理、方法和技术实现纳米尺度基本物性的定量化测量，实现原位/外场作用下纳米材料性质与原子尺度结构演变的研究，对外场作用下缺陷的分布、成核、传播，以及缺陷最终导致纳米材料/器件的失效过程进行深入研究。利用亚表面结构对超声波的散射和对表面驻波的干扰，结合扫描探针显微技术的高分辨扫描和高灵敏探测，发展扫描近场超声全息成像技术，实现包埋的微电子结构和细胞内部结构的三维成像、现封装器件的工作状态的机制研究及器件的无损失效分析。发展电子学、生命科学、环境科学和能源科学所需要的纳米计量学。

4. 纳米光电催化材料的设计合成及其光催化相关的研究

设计合成一系列新型可见光响应纳米光电半导体材料，研究纳米尺寸、形貌、结构等对光催化分解水的影响，组装表面纳米结和助催化剂，实现电荷高效分离，以及氧化、还原活性中心的空间分离，深入理解光电、光化学转化过程的机理，发展新的理论、概念、方法，指导建立新型高效的太阳—化学能转化制备太阳能燃料的光催化和光电池催化体。

5. 基于光、电、磁和量子效应的新型微纳器件

开展新原理纳电子器件和量子器件的理论探索，解决材料设计、制备、剪裁，器件加工组装及高密度集成所涉及的关键科学和技术问题；研究基于新型低维纳米异质结结构磁性材料的相关器件原理，发展能与大规模半导体集成电路匹配的新型磁电阻原理型元器件、各种磁敏传感器，以及海量磁存储介质和磁读头应用技术等；发展纳米线和量子点激光器、超高灵敏度光电探测器、表面等离子光电耦合与光波导器件、低功耗高效量子激射器件及电致发光显示器件、全波段光电换能器件、能量可调谐的单光子器件等新概念纳米光电器件；研究基于单分子或少数分子的具有检测、存储或逻辑运算功

能的分子器件和分子电路，发展综合性能优异的分子电子材料，探索分子器件的普适性构筑与性能评价方法、分子器件中的量子现象与调控规律、分子器件的集成及协同效应问题、分子单元器件之间的互联，以及分子个体与外部环境的相互作用问题等。

6. 纳米制造技术与纳机电系统

重点发展纳米结构构筑的新理论和新方法，研究纳米尺度的可控结构制备和器件加工工艺，解决表面钝化、界面匹配和电极接触等存在的科学问题，实现从微观到宏观的无缝过渡；发展大范围可控自组装加工技术。采用"自上而下"的微纳加工技术、纳米图案成形技术等与"自下而上"的操纵和自组装技术相结合的方法，进行目标导向性纳米结构与器件的制备；研究先进微纳加工手段，如纳米无掩膜光刻技术、电子束曝光技术、感应耦合等离子体刻蚀技术、纳米压印技术、扫描探针显微技术、蘸笔纳米刻蚀技术等在制备和表征纳米器件方面的应用。构建纳电子器件、光电子器件，研究基于纳米线压电、力电特性且与纳机电系统相关的力电器件及集成加工技术。

7. 纳米材料在能量高效储存与转化中的应用基础研究

纳米材料在能量储备和转化中的应用，主要体现在高能电池方面的应用开发上，其中包括绿色二次电池材料、燃料电池材料和太阳能电池材料等。利用纳米粒子或纳米管的表面与界面效应，制备高催化活性催化剂，提高转化效率。探索多种半导体纳米晶复合薄膜制备方法，优化电极结构。开展固体空穴传输材料的研究，利用固体空穴传输材料代替液体电解质，发展全固态太阳能电池。

8. 纳米催化和化石能源的高效转化

围绕基于费托合成技术的化石能源高效转化和利用，以纳米催化材料的设计与可控制备为主线，发展具有特定尺寸、形貌及良好稳定性的纳米结构催化剂的定向合成方法，实现空间限域纳米催化剂、纳米复合催化剂的定向组装及调控。

9. 面向环境检测和治理的纳米材料与技术研究

利用纳米材料具有大比表面积、高表面活性、高反应活性和高选择性的特性，研究和开发面向环境领域的纳米材料。

10. 应用于农业领域发展的纳米材料与技术

发展有利于提高农作物产量的纳米技术，发展快速的早期农作物疾病诊断和预防牲畜疾病的纳米技术，将绿色纳米技术应用于农副产品的检验、保鲜、保质等，开发用于食品安全保鲜和运输的技术和产品。

11. 重大疾病诊断与治疗纳米技术

以高效低毒治疗和早期诊断为目标，发展新型生物医学纳米材料，提高纳米材料在药物输送和临床诊断方面的效率和准确度；研究肿瘤个性化治疗的途径和相关的重大科学问题；基于纳米材料的靶向药物输送和药物缓释；降低细胞抗药性和药物毒性的多功能多机制纳米药物体系。发展对生命体系中的生物靶分子的高灵敏、特异、超快速和多元检测方法。

12. 基于多功能纳米探针的生物纳米技术与疾病早期诊断

发展细胞水平的实时动态过程的分子影像和单分子示踪技术，针对重要疾病早期快速诊断设计和发展多功能纳米生物探针，同时用于成像和靶向治疗、靶向双模式成像，或者用于靶向双重药物治疗。

13. 纳米材料在再生医学领域的研究应用

纳米科技在再生医学领域的应用主要包括以下方面的工作：人工皮肤和骨修复材料及技术，人工器官和组织再生，用于骨关节炎的软骨自再生治疗，生物体外工程器官修补，用于骨组织再生的智能生物材料。

14. 人造纳米材料的生物效应与安全性

系统地研究纳米材料与生命过程相互作用的共性规律，如不同特性的纳米颗粒与主要生物屏障相互作用的基本规律，建立纳米颗粒在生物体内的实时、定量探测新方法。研究不同纳米颗粒、不同剂量、不同暴露途径下的毒代动力学、引发的机体应激反应、作用靶器官的变化等，建立纳米生物安全性标准化评价方法和体系。

15. 纳米仿生技术

开展高性能仿生材料的制备、复合、组装、杂化与功能化研究，研究结构与功能关系、介观和微观结构形成过程等纳米仿生基本原理，以及仿生高性能纳米结构材料的多尺度、多级次功能组装、制备与应用。

16. 纳米科技中的基础理论研究

开展基础理论研究，提供分子科学模型，认识纳米材料的构效关系，发展纳米结构加工与纳米制造的新理论、新技术，探讨纳米生物医学方向的基础理论问题。

四、纳米科技发展的保障措施

在人才队伍建设方面，重视队伍尤其是团队建设，在团队资助方面要有所倾斜，有利于形成一批特色鲜明的高水平纳米科技研究团队；鼓励团队内部、团队之间、理论研究与实验研究的密切合作；提供稳定的经费支持，确保项目延续性，并重点支持一批优秀的实验室和研究基地，使其能够持续稳定地开展高水平研究；特别鼓励原创性工作，建立容忍探索性失败的科学研究机制；建立专门指导纳米科技可持续性发展的机制机构，使纳米科技在众多学科发展中具有一席之地；加强与产业界的早期合作，以应用为导向促进纳米科技的发展；加强纳米科技与社会各方面的沟通，使社会真正了解纳米科技这个新兴交叉研究领域的研究内容、成果、存在的问题、未来发展方向等内容。

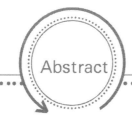

Abstract

This report proposes for the developing strategy, direction, priority areas and important interdisciplinary research fields for the next 10 years based on reviewing and summarizing the success that our nation's nanotechnology has achieved. And it analyzes the international cooperation trend and the safeguard measures for the future development of nanotechnology, providing guidance for it in the next 10 years.

Nanotechnology has developed rapidly worldwide since the end of 1980s. The interdisciplinary on nanoscale has presented a great vitality, rapidly becoming a research field that has wide-ranging subjects and a potential application prospect.

Nanotechnology is regarded as one of the most important means to strengthen the nation's future central competitiveness, and is also one of the technologies to support the new economy growth. Because of the influence of nanotechnology on the economy and society, the nations who own the nanotechnology intellectual property and extensively use this technology have an advantageous position in national economy and security. The developed countries want to use nanotechnology to synthesize the fundamental research, application research and industrial development, leading to a new industrial revolution. Meanwhile, nanotechnology also provides an opportunity for the developing countries to boost their technologies. As one of the countries that have participated in and promoted the international development for nanotechnology, our nation has always placed importance on the research and development for nanotechnology. Between 2006 and 2010, a layout for nanotechnology was formed by the Nanoresearch Program. The State Council declared in 2006 that nanotechnology was one of the fields that can be accomplished great-leap-forward development. Our nation's nanotechnology research sticks to both inheritance and innovation, theory and practice, summarizing the experience and exploring the new areas. All these promote our nation's nanotechnology to move forward rapidly.

Nanotechnology shows the interdisciplinary feature with its core scientific issues including new phenomena, nature and pattern of physics, chemistry and biology displayed in nanoscale. To maintain and strengthen our international competitiveness and to achieve the sustainable development in nanotechnology field, it is urgent and necessary to carry out the strategic basic researches to satisfy the nation's great demand. It is also important to carry out researches of original nanoscale phenomenon and process in the areas of physics, chemistry, material science, life science, energy and environment, information technology and engineering. By unveiling the regular pattern of the transmission process between material and energy and the macroscopic and microscopic systems, the nanomaterial researches, nanostructure design and discovery of new functions have come into being. Thus nanotechnology achievements applied in communication, energy, manufacture, health and environment have made a breakthrough.

International Development and Research Features of Nanotechnology

Due to the developing trend of nanomaterial and its significant status in high technology advancement, the developed countries have deployed research programs for nanotechnology. Congress of the United States approved the National Nanotechnology Initiative

(NNI) in 2000 and the investment has been doubled to 1.5 billion dollars by 2009. *The EU Seventh Framework Program* (2007-2013) gave priority to nanoscience, nanotechnology, material and new production technology, and invested 4.865 billion euros in nanotechnology, material and techniques research. Russia has put a lot of human and financial resources to develop nanotechnology and issued a 2008-2010 Nanotechnology Basic Facilities development program, investing 15.246 billion roubles to unify the domestic research resources and establishing the public nanotechnology research platform to systematically develop nanotechnology industry.

At the same time, the developing countries also have realized the great influence of nanotechnology that will exert on society and economy. To catch up the nanotechnology development opportunity, these countries took actions to make developing strategies and increased research input. For example, Indian government approved *National Nanotechnology Program* proposed by Indian Ministry of Technology. The total investment of this program is 10 billion rupees and lasts for five years from 2007 to 2012. This program includes human resource development, project research, excellence center and technology incubation construction, and nanotechnology commercialized development. Judging from the overall development level of nanotechnology and the balance among the various fields, the developing countries are still falling behind the developed countries, especially in the aspect of nanotechnology application and industrialization.

Generally speaking, there are five characteristics of the nanotechnology developing trend. The first one is the investment focus has changed from basic research to basic research, application research and industrialization. The second is the tendency from one subject to interdisciplinary subjects, aiming at the difficult issues in basic subjects such as physics, chemistry and life science in order to find resolutions and promote the overall development of science and technology. The third is many inventions and discoveries in nanotechnology have gradually turned to integration and internationalization. The fourth is more attention has been paid to the research and development of nanofabrication, nanoassessment and nanocharacterization. The fifth is seeking for a breakthrough for nanobiotechnology and nanodevices based on functional nanomaterial.

The Development and Research Characteristics of Nanotechnology in China

The effort made by the Ministry of Science and Technology, Chinese Academy of Sciences (CAS), National Natural Science Foundation, and the Ministry of Education has provided the major motivation for our nation's nanotechnology research. Between 1991 and 1995, nanomaterial science was listed as one of the nation's booming projects. After 1996, the researches on nanomaterial application have gained gratifying results. Local government and some entrepreneurs began to involve in the researches, which opened a new situation for nanomaterial researches. The Ministry of Science and Technology, National Development and Reform Commission, the Ministry of Education , Chinese Academy of Sciences and National Natural Science Foundation set up *National Steering Committee for Nanotechnology*. Guided by the outline, each department made a research plan or added a nanotechnology research project to the existing programs.

The State Council declared in 2006 that nanotechnology was one of the fields that can be accomplished great-leap-forward development. Between 2006 and 2010, the Ministry of Science and Technology (MST) determined the nanoresearch program, and strengthened the support for nanotechnology research via the 973 and 863 assisting programs. The total investment was summed up to 2 billion during five years. In the recent five years, the Ministry of Education has invested 500 million in nanotechnology researches carried out in the universities all over the country via the 985 and 211 Projects. National Knowledge Innovation Program of Chinese Academy of Sciences organized a number of basic and application researches on nanotechnology with the total investment of approximately 100 million.

Our nation has established three nanotechnology centers between 2006 and 2010. National Center for Nanoscience and Technology was built in Beijing. National Nanotechnology Industrialization Base was built in Tianjin, and National Engineering Research Center for Nanotechnology and Application was built in Shanghai. Many CAS institutes and lots of universities have established more than 70 nanotechnology research platforms.

Under the nation's strong support, our country's nanotechnology has developed rapidly and the results are significant, and the research teams of more than 3000 persons with high level skills have been formed. At present, our nation has a number of internationally competitive scientists in many areas of nanotechnology that are expected to make a breakthrough. Our nation has a prominent advantage in the field of nanomaterial, and the overall level is at the top of the world. Though nanobiology and medical science research began late, the level of the research has improved rapidly. The fields of nanocharacterization, nanobiosafety and nanocatalysis basically catch up with the international standard. Parts of the researches on nanodevices can be on a part with those in advanced countries. The examples are carbon nanotube based on multifunctional nanomaterials and devices; high strength, long-lasting and corrosion-resisting nanometallic; high-density magnetic storage nanomaterials and structures; low cost, highly efficient nanoarray lasers with adjustable light-emitting band; low cost, efficient energy conversion nanostructure solar cells; corrosion-resisting, high strength nanocomposites. In the field of nanocatalysis, the research and development of the catalysts with nanocatalytic confinement effect, crystal face effect, morphology control, long life and highly dispersed load are expected to make a breakthrough application. Nanotechnology in biomedical applications also made some progress, such as the research on the safety of artificial nanomaterials, nanomaterial researches on tissue repair, drug delivery and medical treatment, and nanobionic findings. These progresses fully demonstrate the great potential of nanotechnology in a new pillar industry of national economy and the application of high-tech fields. According to the Science Citation Database SCIE, the number of our nation's nanotechnology papers and total citations from 1998 to 2007 was ranked at the second and the third respectively.

Under the support of CAS, NSFC, and the MST, there have been nanotechnology-related researches receiving national awards in recent years. Among the State Science and Technology awards from 2000 to 2008, nanotechnology-related achievements were awarded a first prize and 34 second prizes for national natural science, 11 second prizes for national technology invention award, and a first prize and 8 second prizes for national science and technology progress award. This demonstrates that our nation's nanotechnology has made important progress in the basic and application researches, and gradually shows the major role nanotechnology has played in promoting the industrialization development.

The strategic objective of nanotechnology development from 2011 to 2020 is to make significant progress in important application prospects and research basis, to solve a number of major and key issues in nanoscience, to seek for a breakthrough in nanotechnology applications, to lead the development of nanotechnology, to promote nanotechnology from the base towards the applications, to achieve world-class results in nanomaterials, devices and systems, characterization assessment and biomedical aspect, to develop a high level of academic leaders to become an internationally influential research groups, and to make suggestions for the policies about systems, resources, and human resources that are necessary to achieve the development goals.

This report systematically analyzes the development pattern and trend of the five basic research areas of nanotechnology including nanomaterials, nanocharacterization technology, nanodevices and manufacturing, nanocatalysis, nanobiotechnology and medical science. And it also makes recommendations on the priority areas and major interdisciplinary research areas, international cooperations and communications, and safeguards for the future development. The following paragraphs briefly explain the above representative areas in nanotechnology researches respectively.

Nanomaterials are an important basis for the development of nanotechnology. Sine 1980s, the ultra-fine powder, nanopowders etc. have been developed into the size or crystal surface controllable monodisperse nanocrystals and nanowires or nanotube arrays. The exploration of its properties changed from the simple pursuit of the small size and large surface area to the systematic researches on its physical and chemical properties. In 1984, Dr. Gleiter from Germany manufactured the nanoblocks by using the clean surface nanoparticles for the first time, then he observed and proposed the structural model of nanocrystalline interface. In 1983, Dr. Brus launched the quantum dots fabrication and the property research, and found the quantum effect in the nanoscale particles. Dr. Iijima from Japan firstly observed the structure of the carbon nanotubes by high resolution electronic microscopy in 1991. In 2004, Dr. Geim discovered the carbon nanomaterials of the two-dimensional structure, thus promoting the fabrication of the low-dimensional nanomaterials and the researches on their properties and applications. During this developing process, combined with nanocharacterization techniques, the nanoscale material exhibited a range of unique properties, demonstrating the attractive application prospect of the nanomaterials, effectively promoting the cross-integration of physics, chemistry and materials science, and establishing the foundation for the development of nanoscience and technology. Currently the active research interests include the advanced exploration of nanomaterials, such as carbon nanotubes, graphene and other advanced nanocarbon materials, low dimensional metals, oxides, semiconductors and other new nano-optical materials, monodisperse nanocrystalline of controllable size and crystal face, ordered nanoarrays materials of large self-organized growth, nanoscale heterojunction composite materials, ordered nano-mesoporous materials. Based on the material synthesis, we have gained a degree of understanding about thermodynamics and kinetic formed by nanomaterials. Some areas that need urgent explorations, for example large-scale controllable fabrication of nanomaterials especially related to the application fields, are still lack of breakthrough results.

The development of nanocharacterization technology plays an important role in nanotechnology development and is a strong guarantee and an important base for the development of nanotechnology. In recent years, high-resolution structural information and the quantitative or semi-quantitative analysis of physical and chemical properties have come into being an important research focus. By studying the quantum behavior of the single-molecule electronic state, spin state and photon state, the understanding and control of molecular as the basic unit of matters has been realized. The research targets involved in microscopy study have turned from the atomic, molecular and nanomaterials to functional devices and organisms. High-resolution image analysis technology, efficient chemical information and physical information recognition technology have always been the core of the nanocharacterization development.

Nanodevices and manufacturing are the core and forefront research areas in nanotechnology which can strongly promote the development of other nanoscience branches like nanomaterials, nano-processing, nano-testing and nano-physics. As the silicon-based microelectronic devices have gradually approached their principle and technology limits, a new generation of nanodevices and manufacturing technology have become the international focus of a new round of high-tech competition. With the continuous development and improvement of nanodevices and manufacturing, it can be summarized that the main elements involved in the field of nanodevices and manufacturing are the device principles and building technology based on quantum effect and physical effects, micro-nano information devices, micro-nano machine and electronic devices and efficient energy conversion device technology, nanoscale processing and manufacturing.

The developing law and trend of nanocatalysis are closely related to the basic characteristics of nanocatalysis itself. Before the development of nanotechnology, classic catalysis research have gotten great progress. With the deepening of nanotechnology and high resolution characterization technology, people have a deeper understanding of the physical causes for the nanocatalytic properties. The main research focuses at present are the regulation of the catalysts performance by using of nanomaterials surface active centers, size effect, carriers effect, ligand modification effect, nano-pore space confinement, optional shape effect and synergy effect; developing new synthetic methods to fabricate and distribute controllable multi-functional nanocatalytic materials at the atomic scale; in situ dynamic characterization of the catalytic process; nanocatalysis theory and computational method. It is recommended that the basic theory, experimental techniques and theoretical methods on nanocatalysis and the researches on application of nanocatalysis in energy issues should be strengthened. The researches on nanostructured catalysts are vital for the development of energy, environmental protection, medicine, pesticide and fine chemical industry fields.

Nanobiomedical science is an important branch of nanoscience. A series of unique properties and functions of nanostructures have important application value for the development of life sciences and human health. Currently the main researches of biomedical nanotechnology include the basic chemistry and physics issues arisen from the interaction between nanosystem and biological individuals, the toxicological effects and security issues regarding nanostructured materials or nanoparticles, the design and synthesis of multifunctional biomedical nanomaterials, nanoscale drug and gene delivery vector, early diagnosis and treatment nanotechnology of major diseases, biomedical imaging based on functional nanomaterials, nano-tissue engineering and nanotechnology and nanoscience problems in regenerative medicine, and nanobionic technology, etc.

The Future Subjects Layout, Priority Fields and Major Interdisciplines

To attain more innovative achievements in nanotechnology and to resolve the crucial and fundamental problems of the nation's strategic requirement, the priority fields and major interdisciplines have been determined for our nation's nanotechnology development strategy researches in the next 10 years.

Fabrication Researches on Nanostructure of Controllable Size and Structure

The synthesis of nanostructures of controllable size and structure has been developed, including carbon nanotubes, graphene and other advanced nanocarbon materials, low dimensional metals, oxides, semiconductors and other new nano-optical materials. The emphasis has been put on the scale preparation of controllable structures, performance coordination and self-assembly process; developing the controlled synthesis methods of monodispersed nanocrystalline with controllable crystal face and conducting the "crystal face project" research on monodispersed nanocrystalline; taking into account the large-scale synthesis of uniformity nanostructure; developing a new loading technology of nanocrystalline catalyst to effectively maintain and develop the size and surface effect of the nanocrystalline catalyst; improving the application efficiency of noble metals in catalysts; developing new and efficient non-noble metal catalytic materials; developing a structural strategy to stabilize the performance of nanocrystalline catalysts; developing the structural or material fabrication science related to device applications.

Low-dimensional Organic Functional Nanomaterials and Devices

Starting from the functional organic molecule, the functional nanostructured materials with fixed structure and shape are formed self-assembly. Studies are focused on its structure and morphology control; organic nanostructured materials properties; their macroscopic performance on materials; developing orientation, dimension control, large area and high order self-assembly technology; developing molecular and electronic materials of excellent integrated performance; and realizing applications of critical devices of these materials in the development of future high-technology.

Quantitative Analysis Methods of Nanostructured Physical and Chemical Properties and Nanometrology

The methods are developing qualitative and semi-quantitative characterization for a variety of nanoscale physical properties and transport properties, developing new measurement principles, methods and techniques to achieve quantitative measurements of the nanoscale basic physical properties, realizing researches on the evolution of nanomaterials properties and atomic-scale structure under in situ or field effect, carrying out deeper researches on the distribution of defects, nucleation, propagation and the process ultimately leading to the failure of nanomaterials or devices under field effect.

Design and Synthesis of Photocatalytic Nanomaterials and Relevant Researches on Photocatalytic

Designing and synthesizing a series of new visible light responsive nano-optoelectronic semiconductor materials, studying the influence of nano-size, shape and structure on the photocatalytic decomposition of water, assembling the surface nano-junction and catalysts, achieving efficient charge separation and space separation of oxidation and reduction activity center, deeply understanding the mechanism of optoelectronic and photochemical transformation process, developing new theories, concepts and methods, guiding to establish new and efficient conversion from solar light to chemical and to fabricate photocatalytic and photocell catalytic bodies by using solar fuel.

New Type of Micro-nano Devices Based on Optical, Electrical, Magnetic and Quantum Effects

Carrying out theory exploration for new principle nanoelectronic and quantum devices, solving key scientific and technical issues regarding material design, fabrication, cutting, processing, assembly and high-density integration, studying related devices principles based on new low-dimensional nano-heterostructures magnetic materials, developing new type of magnetic resistance components to match with the large-scale semiconductor integrated circuit and a variety of magnetic sensors, magnetic mass storage media and magnetic read head application technology, developing nanowires and quantum dot lasers, ultra-high sensitive detector, surface plasma optical and electrical coupling and optical waveguide devices, low-power efficient quantum lasing parts and electroluminescent display devices, full-band photoelectric transducer devices, energy tunable single-optical devices and other new concepts of nano-photonic devices.

Studying molecular devices and circuits with testing, storage or logical calculating functions based on single molecules or minority molecules, developing molecular electronic materials of excellent integrated performance, exploring universal build and performance evaluation methods of molecular devices, quantum phenomena and control law in molecular devices, the integration of molecular devices and synergy issues, interconnection between molecular components, and issues about the interaction between individual molecules and the external environment.

Nanofabrication and Nanoelectromechanical Systems

Emphasis is placed on developing new theories and methods of nanostructure building, studying nanoscale controllable structure fabrication and devices processing techniques, addressing the existing scientific issues like the surface passivation, the interface match and the electrode contacts etc., realizing the seamless transition from micro to macro, developing controllable self-assembly processing technology of a wide range, employing "top-down" micro-nanofabrication technologies, nano-pattern forming technology and combining with "bottom-up" control and self-assembly technologies, manufacturing target-oriented nanostructures and devices, studying advanced micro-nanofabrication methods, such as nano-maskless lithography, electron beam exposure technology, inductive coupling plasma etching technology, nanoimprint technology, scanning probe microscopy technology, dip pen nanolithography technology, designing and manufacturing nanoelectronic and optoelectronic devices, carrying out researches on mechanical and electrical parts and integrated processing technology based on piezoelectric nanowire, mechanical and electrical properties and associated with the Nano-Electromechanical System (NEMS).

Basic Research on the Application of Nanomaterials in Energy's Efficient Storage and Conversion

The application of nanomaterials in energy's storage and conversion is mainly reflected in the application development of high-energy battery, including green secondary battery materials, fuel cell materials and solar cell materials. By using the surface and interface effects of nanoparticles or nanotubes, high activity catalysts can be manufactured to improve the conversion efficiency. Other researches include exploring a variety of fabrication methods for semiconductor nanocrystals composite film to optimize the electrode structure, carrying out researches on solid hole transport materials that can replace liquid electrolytes and developing solid-state solar cells.

Nanocatalysis and Efficient Conversion of Fossil Energy

With the help of efficient conversion and utilization of fossil energy based on the Fischer-Tropsch synthesis technology and focusing on the design and controllable fabrication of nanocatalyst materials, an oriented synthesis of nanostructure catalyst with specific size and shape and good stability can be developed and a directed assembly and regulation of space limited nanocatalysts and nanocomposite catalysts can be achieved.

Study of Nanomaterials and Technology for Environment

Making use of nanomaterials characteristics of large surface area, high surface activity, catalytic activity and selectivity to research and develop nanomaterials for environmental field.

Development of Nanomaterials and Technology for Agriculture

Using nanotechnology for enhancement of crop yield, the rapid diognosis of crop virus disease, the prevention of livestocks diseases, and applying the green nanotechnology for the inspection, safe preservation and transportation are studied.

Nanotechnology Applied in Diagnosis and Treatment of Serious Diseases

Targeted on efficient and low toxicity treatment and early diagnosis, developing new biomedical nanomaterials, improving efficiency and accuracy of nanomaterials in terms of drug delivery and clinical diagnosis, studying personalized treatment approaches and related important scientific problems of cancer, and nano-drugs system of multi-functional and multiple mechanisms that can reduce cell resistance and drug toxicity, developing highly sensitive, specific, super-fast and multiple methods to detect the biological target molecules in living systems.

Nanobiotechnology and early Diagnosis of Diseases Based on Multifunctional Nanoprobes

This includes developing molecular imaging and single-molecule tracing technique of real-time dynamic process of cellular level, designing early and rapid diagnosis of important diseases and developing multifunctional nanobioprobe that can also be used for imaging and targeted therapy, targeted dual-mode imaging or targeted double drug therapy.

Application of Nanomaterials in Regenerative Medicine

The research work focuses on the development of artifical

skin, bone regeneration, tissue and organ regeneration, joint regenerative treatment, biological materials for bony and other tissue.

Biological Effects and Safety of Artificial Nanomaterials

Systematically studying the common law of the interaction between nanomaterials and life processes, such as the basic law of the interaction between nanoparticles of different characteristics and main biological barriers, creating new methods of real-time and quantitative detection of nanoparticles in living bodies, studying toxicokinetics of different nanoparticles, different doses and different routes of exposure, and the stress response it triggers and changes in the target organs, establishing the standardized evaluation method and system of nanobiosafety.

Nanobionic Technology

This includes carrying out fabrication, composition, assembly, hybridization and functionalization of high-performance biomimetic materials, studying the relationship between structure and function, the formation of mesoscopic and microscopic structures and the other basic principles of nanobionic, researching on multiscale and multi-level functional assembly, fabrication and application of biomimetic high-performance nanostructured materials.

Basic theory Researches on Nanotechnology

This includes carrying out basic theory researches, providing molecular scientific models, understanding the relationship between structures and performance of nanomaterials, developing new theories and technologies of nanostructures processing and nanofabrication, discussing basic theory questions about nanobiomedical subjects.

Safeguards for the Development of Nanotechnology

Emphasis should be put on team building and the funding should be prioritized in order to build a number of nanotechnology research teams of distinctive characteristics and high level. Close cooperation should be encouraged within the team，among the teams and between the theoretical and experimental researches. Original work is especially encouraged to establish the scientific research mechanisms that are tolerant of exploratory failures. Emphasis should be placed on interdisciplinary to establish a funding mechanism which contributes to promoting multidisciplinary and sharing and integration of research resources. Special attention should be given to the investment and usage of comprehensive research facilities and large scientific devices. The stable financial support ensures the continuity of projects，and the support should be focused on a number of outstanding laboratories and research bases to enable them to continuously and stably carry out a high level of researches.

目录

总序（路甬祥 陈宜瑜）　　　　　　　　　　　　　　　　　　/ i

前言　　　　　　　　　　　　　　　　　　　　　　　　　　/ v

摘要　　　　　　　　　　　　　　　　　　　　　　　　　　/ vii

Abstract　　　　　　　　　　　　　　　　　　　　　　/ xix

第一章　纳米科技的战略地位　　　　　　　　　　　　　/001

第二章　纳米科技的发展规律与发展态势　　　　　　　/003

第一节　纳米材料　　　　　　　　　　　　　　　　　　　/003

第二节　纳米表征技术　　　　　　　　　　　　　　　　　/005

第三节　纳米器件与制造　　　　　　　　　　　　　　　　/006

第四节　纳米催化　　　　　　　　　　　　　　　　　　　/009

第五节　纳米生物与医学　　　　　　　　　　　　　　　　/011

参考文献　　　　　　　　　　　　　　　　　　　　　　　/012

第三章　纳米科技的发展现状　　　　　　　　　　　　/014

第一节　纳米科技在国际上的发展现状和地位　　　　　　　/014

第二节　我国在纳米科技领域的经费投入与平台建设　　　　/016

第三节　我国纳米科技的发展状况和已经取得的主要成果　　/018

第四节　人才培养与可持续发展　　　　　　　　　　　　　/028

第五节　我国纳米科技发展中存在的问题和面临的挑战　　　/029

参考文献　　　　　　　　　　　　　　　　　　　　　　　/030

第四章　纳米科技发展布局和发展方向 /034

第一节　纳米材料的发展布局和发展方向 /034

第二节　纳米表征技术的发展布局和发展方向 /042

第三节　纳米器件与制造发展布局和发展方向 /050

第四节　纳米催化的发展布局和发展方向 /052

第五节　纳米生物与医学的发展布局和发展方向 /056

第五章　纳米科技中的优先发展领域与重大交叉研究领域 /065

第一节　尺寸及结构可控的纳米结构制备研究 /065

第二节　有机功能低维纳米材料及器件 /066

第三节　纳米结构物化性质的定量分析方法与纳米计量学 /067

第四节　纳米光电催化材料的设计合成及与光催化相关的研究 /068

第五节　基于光、电、磁和量子效应的新型微纳器件 /070

第六节　纳米制造技术与纳机电系统 /071

第七节　纳米材料在能量高效储存与转化中的应用研究 /072

第八节　纳米催化和化石能源的高效转化 /073

第九节　面向环境检测和治理的纳米材料与技术研究 /074

第十节　应用于农业领域发展的纳米材料与技术 /075

第十一节　用于重大疾病诊断与治疗的纳米医学技术 /076

第十二节　基于多功能纳米探针的生物纳米技术与疾病早期诊断 /076

第十三节　纳米材料在再生医学领域的研究应用 /077

第十四节　人造纳米材料的生物效应与安全性 /078

第十五节　纳米仿生技术 /078

第十六节　纳米科技中的基础理论研究 /079

第六章　国际合作与交流 /080

第一节　世界上国际合作与交流的发展态势 /080

第二节　我国国际合作与交流的发展态势特点和布局　　　　　/081

第三节　注重加强国际合作的研究领域和方向　　　　　　　/082

第七章　未来纳米科技发展的保障措施　　　　　/085

第一节　基础研究方面的政策　　　　　　　　　　　　　　/085

第二节　人才队伍建设方面的政策　　　　　　　　　　　　/086

附录一　纳米器件与制造方向　　　　　　　　　　　　　　/088

附录二　纳米生物与医学方向　　　　　　　　　　　　　　/090

附录三　纳米科技相关项目获国家级奖励情况　　　　　　　/092

致谢　　　　　　　　　　　　　　　　　　　　　　　　　/096

纳米科技的战略地位

　　纳米科技是多学科交叉融合形成的前沿领域，其发展将深刻影响现代科学技术的发展，已成为世界高新技术战略竞争的前沿。近年来，很多国家均加大对纳米科技的投资力度并制订相应的纳米科技研究计划，以促进纳米科技研究的快速发展。自2005年以来，主要发达国家对纳米科技研究的安排在重视基础研究的同时都突出了以满足国家重大需求为目标的基础及应用研究，希望以纳米科技的研究成果为依托，在未来的20～30年内产生新技术，催生新产业。但由于纳米科技具有多学科性、新颖性及复杂性等突出特点，进一步加强纳米科技的基础研究是纳米科技健康可持续发展的重要保障。

　　纳米科技是未来新技术发展的重要源泉之一，是提升国家未来核心竞争力的重要手段之一，也是形成新经济增长点的支撑技术之一。由于纳米科技对经济社会的广泛渗透性，拥有纳米技术知识产权和广泛应用这些技术的国家，未来将在国家经济和国防安全方面处于有利地位。经济发达国家希望通过纳米科技整合其基础研究、应用研究和产业化开发，引领下一次产业革命，纳米科技同时也为发展中国家提供了在技术上获得跨越发展的机遇。我国作为参与推动纳米科技全球性发展的主要国家之一，一直高度重视纳米科技研发工作。在"十一五"时期，通过"纳米研究"重大研究计划对纳米科技进行了布局。2006年国务院发布的《国家中长期科学和技术发展规划纲要（2006—2020年）》将纳米科技作为我国"有望实现跨越式发展的领域之一"。在国家的大力支持下，我国的纳米科技研究发展迅速，整体研究开发水平已进入世界先进行列，部分方向的研究成果居国际前沿。我国的纳米科技研究一直坚持继承与发展并重、基础与应用并重，不断总结成绩和凝练方向，推动我国的纳米科技快速向前发展。

纳米科技是多学科交叉融合的集中体现，其核心问题包括纳米尺度下的物理学、化学和生物现象，纳米结构组成的宏观材料或系统中的多尺度、复合化、智能化，多种性质协同效应，纳米系统与微米系统连接的界面体系等。为了实现纳米科技的可持续发展，保持并加强我国在纳米科技领域的国际竞争能力，迫切需要开展面向国家重大需求的战略性基础研究，在物质、生物、能源、信息科学和工程领域开展原创性纳米尺度的基本现象和过程的研究，在这一重大交叉学科领域取得系统的研究成果。通过深入了解纳米尺度下材料生长、组装、演变、与生物体系的界面等基本过程，形成以原子、分子为起点的纳米材料研发、纳米结构设计和制备，以及新功能的发现能力，促进纳米技术在通信、能源、制造、健康和环境等领域的应用。

本书根据纳米科技与不同应用领域的融合，将纳米科技的主要研究方向分为纳米材料、纳米表征技术、纳米器件与制造、纳米催化、纳米生物与医学五个方向，这五个方向彼此依存，相互促进。本书将明确这五个发展方向的战略地位，确保各个学科方向均衡发展，总结已经取得的成绩成果，进一步凝练和明确重点突破方向，注重系统集成和应用为导向的重大科学问题、人才引进和培养问题、纳米科技发展中的问题和挑战，实现纳米科技的持续稳定发展，为我国科学研究的整体发展做出贡献。

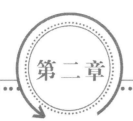

纳米科技的发展规律与发展态势

纳米科技是指在纳米尺度（从单个原子、分子到亚微米尺度）上研究物质的特性和相互作用，以及由纳米结构集成的功能系统（巴拉特·布尚，2006）。纳米科技是多学科交叉研究领域，对很多基础学科和应用领域都将产生重要的影响。当物质小到纳米尺度时，由于其结构限域效应及界面效应，呈现出许多既不同于宏观物体，也不同于单个孤立原子的新性能。纳米科技的最终目标是利用在纳米尺度上表现出来的新颖的物理学、化学和生物学特性制造出具有特定功能的产品。

根据纳米科技与不同应用领域的融合，将纳米科技分为纳米材料、纳米表征技术、纳米器件与制造、纳米催化、纳米生物与医学等五个方向，这五个方向彼此依存，互相促进。

第一节 纳米材料

1. 纳米材料的含义

纳米材料是指利用具有纳米尺度结构特征的基本单元（包括纳米粒子、线/管、孔道和薄膜等）所形成的新型功能材料与结构。

2. 纳米材料的发展

纳米材料是纳米科技发展的重要基础,从 20 世纪 80 年代至今,由超细粉体、纳米粉体等发展到尺寸/晶面可控的单分散纳米晶、纳米线/管阵列,对其性质的探索由单纯追求小尺寸、大比表面积向系统研究其物理和化学性质转变。1984 年,德国 Gleiter 首次采用具有清洁表面的纳米粒子压制出纳米块体,观察并提出了纳米晶界面结构模型;1983 年,美国 Brus 率先开展了量子点的制备及性质研究,发现了纳米尺度颗粒中的量子效应;1991 年日本 Iijima 首次用高分辨电镜观察到碳纳米管结构;2004 年英国 Geim 发现了具有二维结构的碳纳米材料,从而推动了低维纳米材料制备、性能及其应用的研究。在此过程中结合纳米表征技术的发展,科学家们揭示出在纳米尺度上材料所表现出的一系列独特性能,展示出纳米材料诱人的应用前景,有力地促进了物理学、化学、材料科学等学科的交叉融合,为纳米科技的发展奠定了基础。目前活跃的研究方向包括纳米材料的前沿探索,如碳纳米管、石墨烯等先进纳米碳材料,低维金属、氧化物和半导体等新型纳米光电材料,尺寸及晶面可控的单分散纳米晶,大面积自组织生长的有序纳米阵列材料、有序纳米介孔材料等;在合成的基础上,对纳米材料形成的热力学、动力学原理也有了一定的认识。但在纳米材料的可控宏量制备、结构与性能的调控及其重大应用等方面尚缺少全面突破性进展。

3. 纳米材料的应用

纳米材料的技术应用主要依赖于其特殊的物理化学性能。目前,人们普遍把纳米材料呈现的奇特物理化学性能归属于量子尺寸效应或限域效应。大量的研究表明,材料的结构决定性质。因此,开展纳米材料结构的基础研究,构筑纳米材料的结构-性能关系,有望获得具有特定的物理化学性能的纳米材料,为纳米材料的技术应用奠定扎实基础。

功能导向的纳米材料结构的基础研究是物理学、化学、材料科学等学科的交叉领域，研究难度大，但应用范围广阔，是纳米材料研究发展的关键。发达国家高度关注该领域的进展，我国科研人员在该领域则有多年的科学积累，在具有特殊光、电、磁、催化性能的纳米材料的构效关系研究方面做出了有特色、有一定影响力的研究工作，但整体研究力量尚待加强。

纳米材料在能量高效储存与转化中也得到了广泛应用，纳米粒子能够提高高能电池中的能量储存和转化效率；纳米电极材料可以增大比表面积，减小极化，提高离子的扩散速率和材料的电化学容量，改善电极的循环稳定性并提高其使用寿命；低铂高效的纳米铂/碳（Pt/C）催化剂或纳米铂-钌/碳（Pt-Ru/C）催化剂是提高燃料电池性能的关键技术之一；纳米材料在提高染料敏化太阳电池效率方面也具有显著优势。

第二节　纳米表征技术

1. 纳米表征技术的定义

纳米表征技术是指在纳米尺度上测量材料的结构和物理、化学、生物性质的方法、原理和技术。

2. 纳米表征技术的发展

纳米表征技术的发展在纳米科技发展中占有重要地位，是纳米科技发展的有力保障和重要基础。近年来，纳米尺度上物理化学性质的定量或半定量分析方法已成为重要的研究热点。通过研究单分子电子态、自旋态及光子态等量子行为，实现对物质构造基本单元——分子的理解与调控，以及对由构筑基元组成的纳米材料乃至器件的光、声、电、热、磁等性能的研究。显微技术涉及的研究对象从原子、分子、纳米材料到功能器件和生物体等。高分辨的成像分析技术和高效的化学信息、物理信息识别技术始终是纳米表征领域发展的核心所在。

电子显微技术对纳米科技的发展起到了巨大的推动作用。具有高分辨率的电子显微镜是研究物质微观结构和化学组成的重要技术手段。具有准单色的电子源、物镜球差校正器、无像差投影镜等部件和能量过滤成像技术的新一代透射电子显微镜可以获得"亚埃"、"亚电子伏特"水平的精细原子结构和原子间的成键信息。近年来,在电子透镜像差校正方面的技术和方法的突破使得高分辨率电子显微镜发展到分辨单个原子的水平,这为发现和研究新型纳米材料(如碳纳米管)创造了条件。

1982 年以来,由德国 Binnig 等人发明的本原扫描探针显微镜(SPM)是国际上纳米表征和检测技术中最具代表性、发展最迅速的技术。扫描探针显微镜研究的发展趋势从空间分辨、能量分辨深入到空间、能量与时间分辨;从发现新的量子效应深入到对量子效应的调控和利用。扫描探针显微镜技术与谱学技术的结合将会在高分辨的成像基础上大大提高纳米尺度上显微技术的化学识别能力。此外,X 射线衍射(XRD)分析技术、波谱学方法也都是纳米表征技术在高分辨结构表征方面的重要研究方向,被广泛应用于纳米电子学、表面科学、材料科学及生命科学等领域,对人们认知微观世界起到了重要作用。

第三节　纳米器件与制造

(一) 纳米器件

1. 纳米器件的含义

纳米器件是基于纳米材料和结构新奇特性的新型功能器件及集成的功能系统。

2. 纳米器件的发展

纳米器件与制造是纳米科技中的前沿和核心研究领域,能够有力推动纳米材料、纳米加工、纳米检测、纳米物理等其他纳米科学分支的迅速发展。该领域和信息科技密切相关，发达国家高度注重纳米器件的研究和发展，在纳米器件研发领域的投入也较多，如 2008～2010 年，美国政府在"纳米器件与制造"方面的实际/预算投入均超过 4 亿美元（占纳米领域年度拨款的 26％）；2005 年，欧盟在《第七框架计划（2007～2013 年）》中提出将优先发展"新的纳米生产技术"，重点发展纳米器件制造中的微流控芯片和阵列、光纤通信中微机电系统（micro electromechanical system，MEMS）研究。我国在纳米器件与制造方面的投入逐年增加，科学技术部、国家自然科学基金委员会和中国科学院都启动了关于纳米器件与制造的重大研究计划，如"973 计划"和"863 计划"。随着纳米器件与制造领域的不断发展和完善，可将纳米器件与制造领域涉及的主要内容归纳为基于量子效应等纳尺度物理效应的器件原理与构筑技术，微纳信息器件、微纳机电器件及高效能量转换器件技术，纳米尺度的加工与制造。

通过纳尺度材料与结构中的量子效应、光电效应、磁电效应及其他特殊的物理化学效应，调控和操纵电子密度、轨道、自旋及其输运性质，以突破现行硅基微电子技术的发展瓶颈，实现海量信息存储、高性能集成电路、光电转换及超高灵敏度传感与探测等；发展新一代微纳信息器件、微纳机电系统、超高灵敏度传感技术和高效能量转换技术。

在纳米器件与制造快速发展的过程中，仍有许多难题困扰着科研人员，如硅基微电子技术发展的瓶颈问题和基于新材料或新的物理原理的纳米器件的问题，这些问题的解决对未来纳米器件领域的发展趋势产生重要影响。

（二）纳米制造

1. 纳米制造的含义

纳米制造是以设计、制备、控制、修饰、操纵和集成纳米尺度的单元和特征为手段，实现纳米结构、器件、系统的批量化生产的方法和技术。

2. 纳米制造的发展

纳米制造技术是发展纳电子器件和纳机电系统（nano-electro-mechanical system，NEMS）器件的技术基础。作为传统的平面掩模光刻技术的延伸，人们致力于发展电子束直写光刻（EBL）技术、极远紫外光刻（EUV）技术、X 射线光刻（XPL）技术及聚焦离子束光刻（FIB）技术。目前电子束曝光技术已成为推动微电子技术和微细加工技术进一步发展的关键，在微电子、微光学、微机械等微系统微细加工领域有着广泛的应用，已成功描绘出线宽 1 纳米的线条。存在的问题包括如何更好地解决邻近效应和高加速压电子、离子对器件的损伤问题。与此同时，人们还致力于发展非传统的纳米制造技术。

目前发展较为迅速并取得重要进展的有三个方面。

1）传统硅基器件的纳米化。采用高介电常数栅介质和金属栅材料替代传统的二氧化硅（SiO_2）栅介质和多晶硅栅；采用硅化锗（GeSi）、应变硅（Si）、锗（Ge）、Ⅲ-Ⅴ族半导体等的高迁移率沟道材料提升器件沟道中载流子的迁移率；采用低肖特基势垒的金属硅化物改善源漏串联电阻等；利用应力提高沟道区中载流子有效迁移率和开关速度；离子植入技术代替热扩散进行更有效的掺杂。在新器件结构探索方面，加利福尼亚大学伯克利分校开发的非平面双栅鳍片场效应晶体管（FinFET），问世之后便受到世界各国研究者的广泛关注，类似的三维结构被认为最有希望用来提高纳米器件的栅控性能。

2）纳米器件新材料与新原理探索。非硅基器件材料是近年来纳米器件领域的研究热点，代表性的材料体系包括准一维碳纳米管和半导体纳米线、二维石墨烯及拓扑绝缘体等。碳纳米管和石墨烯材料的载流子迁移率比硅高两个数量级以上，是理想的导电、导热和高强度力学材料。基于碳纳米管和石墨烯的纳米互补金属氧化物半导体（complementary metal oxide semiconductor，CMOS）器件可望实现太赫兹级的高频响应，金属性碳纳米管可用做集成电路的互联材料，其电路承载能力可达 109 安/厘米²。碳纳米管还是理想的场发射材料。石墨烯纳米带在构建高性能传统 CMOS 器件、自旋电子器件及传感器件方面都具有极大的发展潜力。半导体纳米线在发光器件、传感器件、纳机电系统、能量转换器件及新型逻辑器件方面有着广阔的发展空间。例如，加利福尼亚大学伯克利分校的研究人员利用氧化锌（ZnO）纳米线制成了纳米激光器，获得了脉宽为 0.3 纳米，波长为 385 纳米的激光，并利用 p-Cu_2O/n-ZnO 成功制备了全氧化物纳米线太阳能电池。

3）分子尺度器件和单分子器件。分子尺度器件和单分子器件是从分子尺度上剖析材料性能、探索奇异物性、实现高集成度电路的最佳途径之一。近来，随着自组装技术、扫描探针显微镜技术、纳米间隙电极对构筑技术和各种微弱信号检测与分析技术的发展，该方面的研究也取得较大进展，如分子导电性的直接测量、分子整流器件、分子逻辑门器件、分子电路、单分子发光器件、分子场效应晶体管及光电晶体管、基于单分子磁体的分子自旋电子学和一些对应分子电子学的新技术的开发与应用。

第四节　纳米催化

1. 纳米催化的含义

纳米催化是综合利用纳米材料的可控合成和表征技术，来实现高效（高活性、高选择性）化学转化的多学科交叉的研究领域。

2. 纳米催化的发展和应用

根据催化反应的特性调变催化剂的电子特性上升为催化剂创制和催化理论的关键核心问题。纳米催化的研究目标是通过改变材料的尺寸、维度、化学组分、形貌、结构或催化剂表面的电子结构，以及在纳米尺度上构建不同的活性中心而改变反应的动力学，实现对催化反应的促进和调控，大幅度改变催化反应的性能。纳米科学和技术的发展为在量子水平上认识和调变催化过程提供了一条新途径。

纳米催化的发展规律和发展态势与纳米催化本身的基本特性密切相关。随着研究工作的深入，人们对纳米催化特性的物理和化学根源有了更深刻的认识。利用纳米材料表面活性中心（包括配位不饱和原子，边、角、晶面、界面）、纳米孔道的空间限域、择形效应、尺寸效应、载体效应、配体修饰效应及纳米基元间的协同效应已初步实现了对部分催化过程的有效调控。

1) 在纳米催化材料的设计和可控制备方面，需要优化纳米催化剂的设计，以实现特定的催化反应。在理论研究的指导下，研究纳米催化材料结构和功能之间的关系，发展新的合成方法，实现在原子、纳米尺度上构造多功能纳米催化材料。催化材料的设计和可控合成能够推进对已知催化反应的机制的认识，优化催化反应的性能，并有助于发现全新的催化材料和过程。纳米催化材料在提高选择性和原材料的利用率、降低副产品量、减轻环境污染、节约成本等方面已经取得初步成果。

2) 在催化过程的原位动态表征方面，发展和完善具有时间、空间及组分分辨的原位、动态表征方法；利用和发展高通量、宽能量范围的同步辐射光源、中子衍射技术等，对催化过程进行表征。

3) 在纳米催化的理论和计算方面，借助第一性原理等工具研究具体的反应路径，特别是过渡态的定量信息、活性中心、关键反应过程的动力学参数。理论研究不仅能帮助揭示催化反应的机制，还有助于设计和合成新的催化剂。

4) 在纳米催化的重要应用领域研究方面，主要集中在关系国民经济可持续发展的相关问题上，如石化资源的高效利用和转化，太阳能的高效利用，储能、可再生资源的开发，环境保护和废物处理等。这不仅是纳米催化研究成果的最高体现，也是纳米催化研究的主要驱动力，并将会在相当长的时间里主导着纳米催化研究的主线。

第五节　纳米生物与医学

1. 纳米生物与医学的定义

纳米生物与医学是利用纳米材料独特而优异的性能及纳米表征技术对生命过程进行检测与调控。在基础生物学、疾病诊治等方面具有广泛的应用前景。

2. 纳米生物与医学的发展和应用

纳米生物与医学是纳米科学的一个重要分支。纳米结构的一系列独特性质和功能对生命科学和人类健康等领域的发展具有重要的应用价值。以制药产业为例，根据美国国立卫生研究院估计，与医学和卫生领域相关的纳米技术的研究与进步，在未来 30 年内将产生数千亿美元的产值。2004 年，美国国立肿瘤研究所投入 1.443 亿美元，进行为期五年的有关纳米技术与肿瘤诊断、治疗的联合研究；2009 年，又投入 2 亿美元继续支持该领域。

1）在应用纳米技术进行新药研发方面，不仅通过纳米技术对传统药物和药物输运系统进行改良，也开始研发全新纳米药物。低毒高效的纳米药物的研发是国际前沿的发展趋势，也是基础科学和应用研究面临的一项重大挑战（Freitas Jr. R，2006；Fahy G，1999；Merkle R C，1996）。

2）在应用纳米技术进行疾病诊断的临床应用方面，主要以制备新型生物功能化纳米材料和传感器为基础，设计应用于医用成像的纳米材料，探索其在重大疾病诊断中的应用，发展新的生物医学成像和检测技术实现传染病的早期预警，以基础研究和应用研究相结合的形式，促进纳米生物与医学学科的发展，以及临床诊断和成像技术的革新，最终开发出可应用于临床的诊断及成像试剂，提高诊断水平（National Cancer Institute Alliance for Nanotechnology in Cancer，2009；Schloss J A，2003；Nalwa H S， et al，2007）。

3）在纳米仿生方面，生物体自然合成了大量结构复杂、性能优越的有机、无机或有机无机杂化材料。随着纳米科技、分子科学及分子生物学的发展，仿生学开始步入了分子水平。通过开展高性能仿生材料的制备、复合、组装、杂化与功能化工作，研究结构与功能关系、介观和微观结构形成过程等纳米仿生基本原理。

4）在纳米技术的生物安全性方面，为了保障纳米科技的可持续发展，各国都在大力加强纳米技术相关的安全、伦理和社会效应等方面的系统研究。这方面工作包括系统地研究纳米材料与生命过程相互作用的共性规律，建立纳米颗粒在生物体内的实时、定量探测新方法。研究不同纳米颗粒、不同剂量、不同暴露途径下的毒代动力学、引发的机体应激反应、作用靶器官的变化等，建立纳米生物安全性标准化评价方法和体系。

当前我国的纳米科技仍处于蓬勃发展的阶段，在基础研究和应用研究方面都取得了较好的进展，国际地位不断提升，发展态势和取得的成果为世界所关注，从而确立了我国纳米科技在 21 世纪的战略地位。未来 10 年，我国对纳米材料、纳米表征技术、纳米器件与制造、纳米催化、纳米生物与医学等五个有代表性的纳米科技基础和应用研究方向应该给予强化支持，全面规划、重点突出、统一安排，争取率先获得突破性的重要成果。

◇ 参 考 文 献 ◇

巴拉特·布尚．2006．纳米技术手册．第二版．柏林：施普林格

Fahy G. 1999. Nanorobts：medicine of the future. http://www. ewh. ieee. org/ r10/bombay/news3/page4. html

IEEE. 1996. International electron devices meeting technical digest，67

Jr Freitas R. 2006. Nanomedicine. http://www. foresight. org/Nanomedicine/ index. html♯PubDate

Merkle R C. 1996. Nanotechnology and medicine. http://www. zyvex. com/ nanotech/nanotechAndMedicine. html

Nalwa H S. 2007. Cancer Nanotechnology. Los Angeles：American Scientific Publishers

National Cancer Institute. 2009. Alliance for nanotechnology in cancer. http：//
nano. cancer. gov/about _ alliance/mission. asp.

Schloss J A. 2003. Nanotechnology research at the national institutes of health
http：//www. ornl. gov/doe/doe _ nsrc _ workshop/talks/4 _ Schloss. pdf

第三章

纳米科技的发展现状

第一节　纳米科技在国际上的发展现状和地位

　　根据纳米科技发展趋势及它在高技术发展领域所占有的重要地位，发达国家的政府都部署了纳米科技研究规划。2000 年，美国国会通过了《国家纳米计划》，到 2009 年其投入已经翻倍，达到 15 亿美元。对纳米科技的相关研究领域提出了新的方向，定义了七个项目组成领域：纳米材料，纳米器件及系统，纳米测量技术、设备及标准，纳米制造，纳米研发设施，环境、健康与安全问题，教育和社会问题。2005 年，欧盟公布的《欧洲纳米技术发展战略》中提出特别要加强纳米医学、纳米电子和纳米化学等横向联合，推动纳米技术成果转化等重点关注方向。2007 年，欧盟在《第七框架计划（2007～2013 年）》中将"纳米科学，纳米技术，材料与新的生产技术"作为优先发展领域，对纳米技术、材料和工艺的研发的投入达 48.65 亿欧元。法国、英国、德国等欧盟成员国政府也根据国情，制订了各自国家的发展纳米科技计划。俄罗斯近年来投入大量人力、物力发展纳米科技，出台联邦专项计划《2008～2010 年纳米基础设施发展》，投入 152.46 亿卢布（约 6.22 亿美元）的巨额资金，统一国内相关研发资源，建设国家纳米科研公共平台，系统发展纳米科技产业。

与此同时，发展中国家同样认识到纳米科技将给社会经济带来巨大影响，为了不错过纳米科技的发展机会，也行动起来，出台发展战略，加大科研投入，以赶上全球纳米科技的发展步伐。例如，印度政府批准了印度科技部的《国家纳米技术计划》。该计划总投资 100 亿卢比（2.22 亿美元），为期 5 年（2007～2012 年），内容包括人力资源开发、项目研究、卓越中心和科技孵化器建设、纳米科技商业化开发等。从纳米科技的整体发展水平和各领域的平衡性上考虑，发展中国家与发达国家相比还有较明显的差距，尤其在纳米科技应用领域及产业化方面发展较为薄弱。

各国在纳米领域的研究投入如图 3-1 所示。

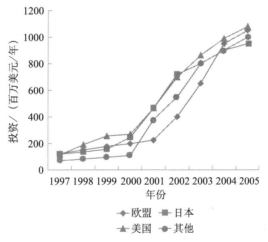

图 3-1　各国在纳米研究领域的投入（不包括产业界投入）

资料来源：（任红轩，2007）。

总体来看，全球纳米科技的发展趋势主要有以下特点：一是纳米科技的投入逐步从主要集中在基础研究逐渐向基础研究、应用研究及产业化并举转变；二是从单一学科向多学科交叉和融合的方向发展；三是从独立工作向集成化和国际化方向发展；四是更加重视关键装备的研发；五是从以材料为基础向生物和器件方面的应用发展。

在各国加强纳米科技投入的同时，国际上纳米科技相关论文的发表数量增长迅速，进一步彰显了纳米科技的重要地位和快速发展趋势。以 1998 年为基期，对世界上纳米科技论文总量 10 年来的发展情况进行统计发现，2007 年发表的论文数增长了 489%（图 3-2）。

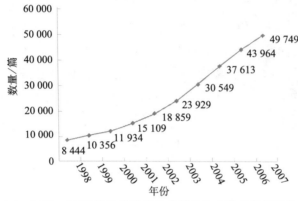

图 3-2　1998～2007 年世界纳米技术相关论文数的年度变化趋势

资料来源：根据谭宗颖，中国科学院科学图书馆 2009 年相关数据得出。

世界主要国家（地区）纳米科技相关论文数量的增长与世界纳米科技论文总量的增长态势趋于一致，美国与中国尤其如此。中国纳米科技论文从 1998 年的 657 篇上升到 2007 年的 10 081篇，美国从 1998 年的 2569 篇增长到 2007 年的12 227篇。

第二节　我国在纳米科技领域的经费投入与平台建设

　　科学技术部、国家自然科学基金委员会、中国科学院、教育部等国家机构的投入为我国纳米科技研究提供了主要动力。从 20 世纪 80 年代末起的"八五"期间，"纳米材料科学"就被列入国家攀登项目。1996 年以后，纳米材料的应用研究开始出现了可喜的成果，地方政府和部分企业家的加入，使我国纳米材料的研究进入了以基础研究带动应用研究的新局面。2001 年，由科学技术部、国家发展计划委员会、教育部、中国科学院和国家自然科学基金委员会等单位成立了全国纳米科技指导协调委员会，并联合下发了《国家纳米科技发展纲要》。在《国家纳米科技发展纲要》的指导下各部门制订了研究计划或在已有的国家研究计划中增加了纳米科技的研究项目。

2006 年，国务院发布的《国家中长期科学和技术发展规划纲要（2006—2020 年）》认为纳米科技是我国 "有望实现跨越式发展的领域之一"。"十一五" 时期，科学技术部围绕《国家中长期科学和技术发展规划纲要（2006—2020 年）》战略目标和国家发展重大战略需求，设立了纳米科技的旗帜性研究计划——"纳米研究" 重大研究计划，认真落实了 "纳米研究" 重大科学研究部署，突出战略重点，进一步加大了对纳米科技研究的投入。除此之外，科学技术部还通过 "973 计划"、"863 计划"、国家科技支撑计划等，对纳米科技的研究进行资助，在 "十一五" 时期，累计投入 20 多亿元。最近 5 年来，教育部系统通过 "985 工程"、"211 工程" 在全国各高校投入纳米科技经费逾 5 亿元。2009 年，由国家自然科学基金委员会资助的 "纳米制造的基础研究" 重大研究计划，遵循 "有限目标、稳定支持、集成升华、跨越发展" 的总体思路，针对国家重大需要和前瞻性的重大科学前沿两种类型的核心基础科学问题开展纳米制造的基础研究，预算总经费为 1.5 亿元，预计执行期为 8 年。中国科学院国家知识创新工程是以解决我国经济发展、国家安全和社会可持续发展的重大战略性科技问题为主要目标，组织了一批能充分发挥中国科学院综合优势、广泛吸纳社会资源、多所多学科系统集成的大型项目。其中包括多项纳米科技的基础和应用研究，总投入约 1 亿元。

国家自然科学基金委员会在纳米科技领域资助的经费和项目情况如图 3-3 和图 3-4 所示。

"十一五" 期间，我国已建立三个国家级纳米科技中心，在北京建立了国家纳米科学中心，在天津建立了国家纳米技术产业化基地，在上海建立了纳米技术及应用国家工程研究中心。中国科学院

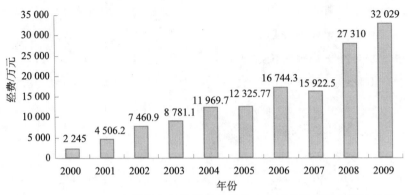

图 3-3 2000～2009 年国家自然科学基金委员会在纳米科技领域资助经费

资料来源：根据国家自然科学基金委员会计划局 2010 年相关数据得出。

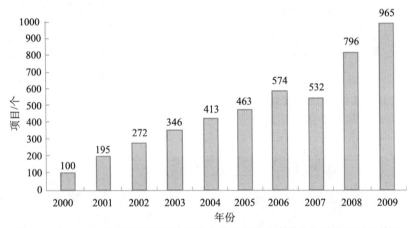

图 3-4 2000～2009 年国家自然科学基金委员会在纳米科技领域资助项目情况

资料来源：根据国家自然科学基金委员会计划局 2010 年相关数据得出。

的多个研究所和很多高校也建立了 70 余个纳米科技研究平台。

第三节　我国纳米科技的发展状况和已经取得的主要成果

在国家的大力支持下，我国纳米科技发展迅速，成果显著，发表论文数量从 1998 年的几百篇发展到 2007 年的 1 万余篇，跃居世界第二位，是第三位日本的两倍多（资料来源于中国科学院国家科学图书馆）。1998～2007 年，我国纳米科技论文数量和总被引频次位于世界前列（图 3-5）。提升我国纳米科技论文整体水平，发展有突破性成果是今后工作的研究方向和重点之一。

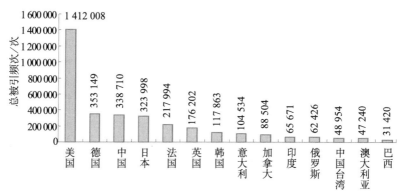

图 3-5　1998～2007 年世界主要国家和地区纳米论文 SCIE 的总被引频次分布

资料来源：根据谭宗颖，中国科学院科学图书馆 2009 年相关数据得出。

在科学技术部、国家自然科学基金委员会、中国科学院等单位的大力支持下，与纳米科技相关的研究成果逐步展现出来，有关纳米科技领域的研究成果相继获得国家级奖励。例如，2000～2008 年国家科学技术奖中，与纳米科技相关的成果获国家自然科学奖一等奖 1 项、二等奖 34 项；获国家技术发明奖二等奖 11 项；获国家科学技术进步奖一等奖 1 项、二等奖 8 项（图 3-6）。从 2005 年开始，国家技术发明奖和科学技术进步奖中开始有纳米科技领域的一席之地，这说明经过十几年的发展，我国纳米科技在应用研究方面取得了重要进展，体现出纳米科技基础研究成果对产业化发展的重大促进作用。例如，中国科学院福建物质结构研究所与江苏丹化集团有限责任公司、上海金煤化工新技术有限公司联手合作，成功开发了煤制乙二醇系列纳米催化剂的研制与大化工技术，该技术的推广应用将有效缓解我国乙二醇产品供需矛盾，对国家的能源和化工产业产生重要积极影响，具有重要的科学意义、突出的技术创新性和显著的社会经济效益；中国科学院化学研究所研发的"纳米材料绿色印刷制版技术"摒弃了感光成像的技术思路，从而有可能从根本上消除感光化学过程带来的避光操作和废液排放问题；国家纳米科学中心、中国科学院过程工程研究所及中国电力科学研究院合作完成的"新型电力防污闪纳米复合室温硫化硅橡胶（RTV）材料"达到了国际领先水平，该成果的完成是科研院所与用户单位共同攻克技术难题、基础研究和工程需求相结合的产物；中国科学院上海硅酸盐研究所在多年研究基础上，成功研制出针对汽车尾气净化、满足严格的《国家第四阶段机动车排放标准》（国Ⅳ）的新型高性能低成本"三效"催化剂，并实现专利技术转移——与浙江达峰汽车技术有限公司合作，进行产业化生产，为国产化、高性能、低成本汽车催化剂的研发推广做出了贡献。

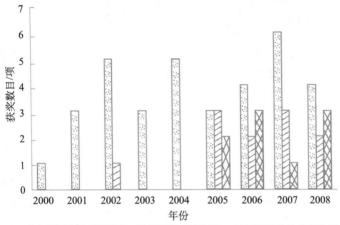

图 3-6　2000～2008 年纳米科技获国家级奖励情况

资料来源：根据中国科学技术部网站 www. most. gov. cn 相关数据得出。

下面分领域介绍我国纳米科技的发展现状。

（一）纳米材料的发展状况

我国在纳米材料领域的发展较为突出，基础雄厚，发展水平与国际上发达国家相当，具体发展情况如下。

1）晶面可控的单分散纳米晶的控制合成是近期该领域研究的新动向。单分散纳米晶特指尺寸及形状严格均一、表面性质可控且在特定介质中具有良好分散性的纳米材料。国内外研究表明，暴露不同晶面的纳米晶通常表现出不同的催化、光学等性质（Wang X et al.，2005；Wang X et al.，2007；Bratlie K M et al.，2007；Tian N et al.，2007；Zhou K B et al.，2005）。例如，清华大学科研人员对纳米棒、纳米颗粒的研究表明，不同晶面表现出不同的催化活性和选择性，为探索纳米催化过程的物理化学本质和设计高性能、结构敏感型催化剂提供了新的思路（Wang X et al.，2005；Wang X et al.，2007）。

2）在有机功能低维纳米材料方面，我国有机功能纳米材料研究起步较早，基础较好，整体科研水平与先进国家相比处于同等水平。近年来，在有机纳米结构和材料的制备上提出一些新方法和概念，特别是在具有复合功能的有机功能纳米结构和材料的构建及其特殊的电学与光学性质研究方面在国际上产生了影响；并为研究材料的功能复合，寻求功能互补、协同优化性质、性能，获得更优异的功能材料提供了坚实依据。这些基于有机功能分子的纳米结构和材料在光电转换、太阳能电池、场发射及平面显示和信息存储等方面显示了重要的潜在应用价值（Chen J and Cheng F Y，2009；Di C A et al.，2009；Guo Y B et al.，2008；Kang L T et al，2007）。

3）在纳米材料的前沿探索方面，构筑了多用途的以碳纳米管为基础的器件，存储密度达到 400 吉比特/厘米^2 的磁性纳米棒阵列的量子磁盘，成本低廉、发光频段可调的高效纳米阵列激光器，价格低廉、高能量转化效率的纳米结构太阳能电池和热电转化元件，高强度、疲劳寿命且耐磨损、抗腐蚀的纳米金属，耐烧蚀高强高韧纳米复合材料。

4）在功能纳米多孔材料方面，发展出在氧气的非冷冻分离、多功能材料、低密度磁材料、分子筛、离子交换及催化等方面具有广泛应用前景的多孔纳米材料。最近，中国科学院福建物质结构研究所科研人员选择柔性柠檬酸，以有机多金属簇与金属离子组装合成了首例具有锐钛矿网格金属有机框架的新型磁纳米多孔材料（Wan Y et al.，2006；Bu L J，et al.，2009；Zhang J et al.，2006）。

（二）纳米表征技术领域的发展状况

纳米表征技术以纳米尺度单元（纳米颗粒、纳米线或管、纳米薄膜等）的成分、结构、形态、界面环境等及其微观性能为研究对象，发展新型纳米探测和表征手段、理论、技术与方法，实现纳米体系的多功能快速检测和表征。

纳米体系的结构与性能的表征，以及纳米微区内的物理、化学及生物学性质变化的探测是纳米科技研究和应用的重要领域和基本手段。近年来，这一领域发展的代表性重点方向可以归纳为如下四个方面：纳米结构和性能定量测量的新技术、新原理、新方法，表面和界面结构对纳米体系性能的影响及其表征，单个分子、单个纳米组元的探测和性能的测量，纳米体系表征的基本理论问题。

1）在单分子行为表征、检测与调控方面与国外研究水平基本保持同步。例如，发展了空间与能量高分辨的单分子显微术，实现了单化学键分辨；发展了扫描隧道显微镜（STM）与单光子检测相结合的复合技术，实现了对光子态的调控，观察到双极发光现象，双隧道结机制；通过尺寸调控、成分调控及有序度调控对受限体系电子态的调制，发现了量子电容效应、单分子整流效应及原子无序排列对量子限域效应的抑制作用；通过对单分子化学键的操控，在单分子体系中观察到了近藤效应（Kondo 效应），实现对受限体系自旋态的调控（Zuo J M，et al.，2003；Fu Y S，et al.，2007；Wu S W，et al.，2006；Zhao A，et al.，2005；Kanisawa K，et al.，2008）。

2）近场光谱和低温近场光学成像等光谱方面的研究在国内也取得了显著进展。2001 年北京大学报道了高空间分辨率金刚石膜拉曼光谱测量；2002 年北京大学报道了硅纳米线中激发波长与拉曼特征的变化关系；2006 年，厦门大学研究人员实现了利用光纤拉曼谱仪搭建成针尖增强近场拉曼谱测量系统（Han X D，et al.，2007；Fang Z，et al.，2009；Balandin A A，et al.，

2008；Shekhawat G S，et al.，2005；Degen C L，et al.，2009；
Wang Z，et al.，2007）。

（3）在纳米材料和结构的基本电学性质的定量化检测方面取得了较大进展。导电扫描探针技术（CSPM）为探索纳米材料的电子学应用提供了极有价值的信息。利用导电扫描探针技术的高空间分辨率及灵敏的多信息同步探测的能力，进行了原型纳米器件及新型纳米材料的电学性质测量，为材料表面微区的物性研究提供了一种有效的实验方法（Poncharal P，et al.，1999；Wang Z L，et al.，2006；Hochbaum A I，et al.，2008；Patolsky F，et al.，2004；Wang X，et al.，2009）。导电扫描探针技术利用探针针尖与样品间局域的静电作用可以探测样品的表面电荷，表面电势，铁电材料的静态、动态性能，以及微区导电性等，这对器件失效分析、探测氧化物薄膜中的局域积累电荷、定量分析器件中结界面的静电势分布等有重要的意义。

（三）纳米器件与制造领域的发展状况

我国一直重视纳米器件与制造领域的发展，从事相关研究的主要大学和科研院所有 30 余家，主要研究体系包括碳纳米管和石墨烯纳米器件、磁电子学与自旋电子学器件、半导体纳米线基纳米光学与光电子器件、分子电子学器件、纳机电系统与纳米制造技术、纳米材料与器件理论，以及传统硅基器件的纳米化研究等。

1）在纳电子材料与器件研究方面，我国已开展了大量的工作，在纳米材料的选择性控制合成方法、低维半导体纳米材料电子器件基础研究及实用化器件研究等领域已取得了一些成果。例如，发明了碳纳米管手性控制的克隆生长技术、分子内纳米结的温度阶跃化学气相沉积（chemical vapor deposition，CVD）生长方法、制备复杂电路的纳米转移印刷技术及以钪为电极的高性能碳纳米管电路制备技术等，构筑了纳米半导体 CMOS 器件、肖特基/压电耦合开关、单根纳米线压电二极管、有机-无机杂化半导体纳米二极管、纳米结构门电路、存储器、高亮度和可调制的发光二极管、纳米太阳能敏化电池等，并研制出碳纳米管扬声器、触摸屏等新型纳米器件。

2）在磁电子学与自旋电子学器件研究方面，我国在纳米磁性薄膜、巨磁电阻（GMR）多层膜、隧穿磁电阻（TMR）和磁性隧道结材料、稀磁半导体材料、高自旋极化率的半金属材料、金属氧化物和庞磁电阻（CMR）材料、纳米晶稀土永磁和软磁材料等方面都有布局，致力于磁记录、磁存储、磁传感、磁电功能器件、稀磁半导体复合材料及器件、生物医学磁标靶、磁隐身和吸波、磁吸附和磁催化等多方面的应用。

3）在纳米光学与光电子器件研究方面，我国发展原子分辨扫描隧道显微镜与单光子检测技术的联用系统，从空间、能量、时间三个方面对分子尺度体系的结构和波函数，特别是光子态进行高分辨高灵敏的表征、检测与调控。此外，我国在量子光学和光子学物理、光电材料物理理论、纳米光电薄膜材料与器件，以及装备系统的研究和产业化应用方面取得了重要进展。

4）在分子电子学器件研究方面，我国早在 20 世纪 60 年代就开展了有机半导体的研究，随后又开展了有机导体、超导体及导电高分子的研究工作；20 世纪 90 年代开始分子电子学的研究；在分子纳米薄膜器件、分子尺度器件、化学/生物传感器、原型分子器件及分子逻辑器件等方面取得突出成果。例如，在有机显示器件和场效应器件、高性能显示器件和太阳能电池等方面做出了有特色的工作。

5）在传统硅基器件纳米化方面，我国在纳米尺度新结构器件、器件模型模拟，如高介电常数介质及其金属栅结构、应变沟道器件、全局互连技术、铜互连技术、纳米尺度金属氧化物半导体场效晶体管（metal-oxide-semiconductor field effect transistor, MOSFET）制备研究等方面的研究工作已经取得系列研究成果。

6）在纳米制造技术与纳机电器件研究方面，在紫外光纳米压印光刻（UV nanoimprint lithography, UV-NIL）压印专用阻蚀胶研制、模板制作、压印工艺控制、多层套印对准方法等方面取得了进展，可实现 250 纳米线宽图型的多层套印压印光刻，单层特征线宽可达到 50 纳米；开发了面向微电子制造的高速高精运动控制平台和集成电路（integrated circuit，IC）封装技术；采用离子束抛光光学镜头，使加工时间从一周降低到 30 分钟，型面精度由 1/20 λ 提高到 6 纳米左右；建成了功能较完备、稳定运行的硅基 4 英寸①微机电系统和纳机电系统加工线，研制出若干已被批量采用的传感器。

（四）纳米催化领域的发展状况

我国对催化研究一直给予了很大的关注，经过多年的努力，国内相关研究机构凝聚了一批优秀的科研人员，充分发挥现有研究手段和设备的作用，在纳米催化科学和技术等领域开展了一系列具有国际水平的研究工作（Ertl G et al.，1997；Ertl G，2001；Chorkendorff I and Niemantsverdriet J W，2003；Nilsson A，et al.，2008；Haruta M，et al.，1993；Chen M S and Goodman D W，2004；Bell A T，2003；Somorjai G，et al.，2006；Salmeron M and Schlogl R，2008；Stamenkovic V R and Markovic N M，2007）。

1）在纳米催化的限域效应、纳米催化的形貌控制、二维表面量子调控方面取得了一系列突破。中国科学院大连化学物理研究所的科研人员发现处于碳管孔道内外的纳米粒子氧化还原特性具有显著的差异。这些研究结果表明，碳纳米管可以用来发展合成气转化高效催化剂，提出了一条合成气定向转化的新途径（Pan X L and Bao X H，2008）。

2）在形貌控制方面，厦门大学首次合成由高指数面并具有高电氧化活性的 24 面体铂纳米晶体催化剂，对小分子，如甲酸和乙醇等燃料分子电氧化表现出增强的催化活性，对于提高纳米铂催化剂的性能和新型燃料电池研发具有重要意义。

3）在金属纳米簇基催化剂合成与应用方面取得了一系列突破

---

① 1 英寸＝2.54 厘米。

性进展。例如，北京大学发明了新型"非保护型"铂（Pt）、铑（Rh）、钌（Ru）、铱（Ir）等贵金属及其合金纳米簇（1～3纳米）及它们的高效宏量合成方法，为高选择性催化剂和燃料电池催化剂组装提供了很好的基元材料。借助此类材料并发展合成方法，中国科学院大连化学物理研究所、美国明尼苏达矿务及制造业公司（3M公司）、中国科学院化学研究所等单位研制成功了高效甲醇氧化和氧还原燃料电池催化剂。中国科学院化学研究所还利用微波法大幅度提高了金属纳米簇催化剂的合成效率（Yang H，et al.，2007；Tian N，et al.，2007；Xiao C X，et al.，2008；Zhang F，et al.，2008；Xie X W，et al.，2009）。

4）在可控合成超长寿命的纳米催化剂方面，北京大学利用改性的聚合物稳定剂，寿命达到20 000小时（工业化的临界点是50 000小时），处于国际领先水平，为相关过程的工业化提供了技术保障。

5）在合成气的高效选择性转化的纳米催化基础研究和工业化方面，中国科学院大连化学物理研究所和中国科学院福建物质结构研究所取得了一系列重要进展（Xie X W，et al.，2009）。

（五）纳米生物与医学领域的发展状况

我国在纳米生物与医学领域的研究已取得一定进展，下面是部分代表性成果。

1）在纳米生物效应与人造纳米材料安全性研究方面，中国科学院高能物理研究所和北京大学等单位的科研人员在世界上较早开展纳米生物健康效应与安全性研究。针对我国大规模生产的典型纳米材料，如碳纳米材料（纳米碳管、富勒烯）、氧化物纳米材料（二氧化钛、氧化锌）、金属纳米材料（铜、锌等），用动物模型对不同尺寸的不同纳米材料的生物学效应和共性规律进行了初步研究，为我国的纳米安全评估建立了分析方法、提供了科学依据。中国科学院生物物理研究所的科研人员在国际上首次报道磁性纳米颗粒具有类似过氧化物酶活性，提出纳米材料模拟酶的新概念。

2）在恶性肿瘤和其他疾病的早期诊断与治疗方面，我国科学家研制的磁性纳米颗粒可以提高恶性肿瘤和肝炎等重大疾病的早期诊断的效率，研制的可控交变磁场治疗仪已完成产品技术标准和临床前试验；纳米药物载体治疗人体恶性肿瘤技术项目完成了纳米载体制备工艺、生物学特性分析、药效学实验；建立了磁纳米粒、海藻酸钠纳米粒和阿霉素链接技术平台，制备了磁纳米粒阿霉素载体、海藻酸钠纳米粒阿霉素载体，已进入临床前试验研究阶段；中国医学科学院基础医学研究所通过前期研究，已观察到纳米粒子对免疫系统的独特生物学效应，获得了良好的抗肿瘤免疫结果，取得了具有创新特色和自主知识产权的国际领先的成果。纳米材料作为药物载体取得了较好的进展。纳米粒子，如高聚物纳米粒子、无机纳米粒子、金属纳米粒子等均可以作为抗癌药物的输送载体——包裹有抗癌药物的纳米粒子通过表面修饰的靶向分子结合到癌细胞上而实现靶向性治疗。纳米药物载体作为抗恶性肿瘤药物的输送系统是纳米颗粒最有前途的应用之一。一些新颖的纳米结构可以运输大剂量的化疗药物或基因到特定的癌变部位，而不损伤正常细胞。其中一个最重要的进展就是用于治疗对紫杉类药物耐药的转移性乳腺癌的结合了白蛋白的紫杉醇（taxol）和一种两组分的纳米粒子（abraxane）的配方，并得到美国食品和药品监督局（FDA）的批准。这种纳米粒子配方能够有效地克服高毒性聚氧乙烯蓖麻油（当前的主要配方）的一些副作用，如超敏性、中毒性肾损伤及神经毒性。

3）在组织修复用纳米材料方面已成功研制出纳米骨材料，其特点是可注射和自成型，可填充各种类型的骨缺损，具有很好的重塑型，而且无毒、组织相容性好，能促进骨组织生长和功能恢复；攻克了生产工艺、质量标准、稳定性和检测规范等关键技术，在获得美国食品和药品监督局批准用于临床治疗后，也获得中国国家食品药品监督管理局批准进入临床试用，这是首项获得批准可进入临床应用的纳米生物技术产品。

4）在医学诊断方面，发展了基于纳米晶生物探针的免疫层析检测技术，完成了可满足免疫层析技术要求的磁性纳米晶的规模合成，现已形成单产 5 升磁性纳米晶溶胶的生产能力，可以满足 1 亿条免疫试纸的生产配套要求。发展了基于电化学的纳米生物传感器，为肝炎和人类获得性免疫缺陷病毒（HIV）临床诊断芯片研究提出了新的方法。

5）在纳米仿生方面，围绕微纳智能材料体系、生物矿化、受生物启发材料设计与制备等国际前沿领域开展研究。

第四节　人才培养与可持续发展

科学技术部、中国科学院、国家自然科学基金委员会、教育部一直重视我国纳米科技领域的人才队伍建设。中国科学院"百人计划"、国家自然科学基金委员会国家杰出青年科学基金和创新研究群体、教育部"长江学者奖励计划"实施以来，有一大批纳米科技领域的学者获得资助，形成了一批高水平的研究人才，在若干研究方向上不断取得具有国际先进水平的研究成果。但是具有世界影响力的领军人才不多，研究工作的系统性和创新性不足。

在人才队伍建设方面，要从学科带头人队伍建设、专业技术人员队伍建设和岗位技能培训三个方面有组织地发展和推进。在不断引进国内外高级人才的同时，重点强调自我发掘和培养，重视青年人才的培养。通过科研项目启动、在实验室设立流动科研岗位、增设博士后科研工作站、国际互访交流等多种渠道，壮大纳米科研人才队伍。

我国的纳米科技研究由于受到资源和工业产业水平等诸多因素的制约，与发达国家相比存在着明显的差距，主要表现在以下方面：研究群体小，研究内容分散，很难在关键领域展示整体力量和形成突破；创新性虽然有长足进展，但与发达国家相比仍有较大差距，很少形成具有国际影响力的自主知识产权；实验室研究与产业界严重脱节，需凝练目标，吸引产业界参与，从而形成完整的知识链；实验与理论的结合亟待加强。

第五节　我国纳米科技发展中存在的问题和面临的挑战

　　尽管我国在纳米科技领域中取得了长足的进步，但由于受到整个社会环境、科技资源和工业产业水平等诸多因素的影响，我国纳米科技发展中仍存在着一些问题，面临着来自各方面的挑战，与发达国家相比存在着明显的差距，主要表现在以下六个方面。

　　1）我国的纳米科技研究在创新性上虽有进展，但与发达国家相比仍有较大差距，很少形成具有国际影响力的自主知识产权，缺乏原始的重大创新性结果。这与我国研究群体普遍较小、研究内容分散有密切关系，因此很难在关键领域展示整体力量和形成突破。

　　2）虽然我国在纳米科技的多个研究领域都有出色的研究成果，但在研究过程中我国科学家对基础问题的分析、总结、整理不够充分，没有对大量的实验结果资料进行系统的分析，不利于未来我国纳米科技的持续稳定发展。而且，受整个社会发展的大环境影响，纳米科技在某一个时间段出现了某些领域过热的问题，导致发展不平衡，以至于出现低水平的重复性工作。

　　3）我国纳米科技的基础研究已经取得了较高水平的成果，但与企业的早期联系不够，企业的早期介入不够，导致以应用为导向发展纳米科技的力度不够，与产业界脱离较远，成果转化较为缓慢。

　　4）目前我国对纳米科技发展的政策性措施已经比较健全，但缺乏可持续发展的机制保证，缺少相应的机制机构，应考虑建立专门指导纳米科技可持续性发展的机制机构，使纳米科技在众多学科发展中具有相应的一席之地。

　　5）相关研究领域发展呈现不平衡的态势，大部分的研究力量集中在纳米材料的制备上，而与未来技术密切相关的纳米加工、纳米器件、纳米生物与医学等方面相对薄弱，欠缺交叉合作性研究。

6）加强纳米科技与社会各方面的沟通，使社会真正了解纳米科技这个新兴交叉研究领域的研究内容、成果、存在问题、未来发展方向等。

◇ 参 考 文 献 ◇

任红轩. 2007. 战略性新兴产业之纳米新材料. 新材料产业，6：14－17

Balandin A A，Ghosh S，Bao W，et al. 2008. Superior thermal conductivity of single-layer graphene. Nano Lett，8（3）：902

Bell A T. 2003. The impact of nanoscience on heterogeneous catalysis. Science，299：1688－1691

Bratlie K M，Lee H J，Komvopoulos K，et al. 2007. Platium nanoparticle shape effects on benzene hydrogenation selectivity. Nano Lett，7（10）：3097

Bu L J，Guo X Y，Yu B，et al. 2009. Monodisperse co-oligomer approach toward nanostructured films with alternating donor-acceptor lamellae. J Am Chem Soc，131（37）：13242

Chen J，Cheng F Y. 2009. Combination of lightweight elements and nanostructured materials for batteries. Acc Chem Res，42（6）：713－723

Chen M S，Goodman D W. 2004. The structure of catalytically active gold on titania. Science，306：252－255

Chorkendorff I，Niemantsverdriet J W. 2003. Concepts of Modern Catalysis and Kinetics. Weinheim：Wiley-VCH

Degen C L，Poggio M，Mamin H J，et al. 2009. Nanoscale magnetic resonance imaging. PNAS，106（5）：1313－1317

Di C A，Liu Y Q，Yu G，et al. 2009. Interface engineering：an effective approach toward high-performance organic field-effect transistors. Acc Chem Res，42（10）：1573－1583

Ertl G，Knözinger H，Weitkamp J（eds.）. 1997. Handbook of Heterogeneous Catalysis. Weinheim：Wiley-VCH

Ertl G. 2001. Heterogeneous catalysis on the atomic scale. Chemical Record，1（1）：33－45

Fang Z，Lin F，Huang S，et al. 2009. Focusing surface plasmon polariton trapping of colloidal particles. Appl Phys Lett, 94 (6): 063306

Fu Y S, Ji S H, Chen X, et al. 2007. Manipulating the kondo resonance through quantum size effects. Phys Rev Lett, 99 (25): 256601

Guo Y B, Tang Q X, Liu H B, et al. 2008. Light-Coutrolled Organic/Inorganic P-N Junction Nanowires. J Am Chem Soc, 130 (29): 9198

Han X D, Zhang Y F, Zheng K, et al. 2007. Low-temperature in-situ large strain plasticity of ceramic SiC nanowires and its atomic - scale mechanism. Nano Lett, 7 (2): 452 -455

Haruta M, Tsubota S, Kobayashi T, et al. 1993. Low temperature oxidation of CO over gold supported on TiO_2, α-Fe_2O_3, and Co_3O_4. J Catal, 144 (1): 175 - 192

Hochbaum A I, Chen R, Delgado R D, et al. 2008. Enhanced thermoelectric performance of rough silicon nanowires. Nature, 451: 163 - 168

Kang L T, Wang Z C, Cao Z W, et al. 2007. J Am Chem Soc, 129: 7305 - 7312

Kanisawa K, Wang Z, Fujisawal T, et al. 2008. Direct measurement of the binding energy and bohr radius of a single hydrogenic defect in a semiconductor quantum well simon perraud. Phys Rev Lett, 100 (5): 056806

Nilsson A, Pettersson L G M, Nørskov J K. 2008. Chemical Bonding at Surfaces and Interfaces. Amsterdam: Elsevier

Pan X L, Bao X H. 2008. Reactions over catalysts confined in carbon nanotubes. Chem Commun, (Invited Feature Article): 6271 - 6281

Patolsky F, Zheng G, Hayden O, et al. 2004. Electrical detection of single viruses. PNAS, 101 (39): 14017 - 14022

Poncharal P, Wang Z L, Ugarte D, et al. 1999. Electrostatic deflections and electro-mechanical resonances of carbon nanotubes. Science, 283: 1513 - 1516

Salmeron M, Schlogl R. 2008. Ambient pressure photoelectron spectroscopy: a new tool for surface science and nanotechnology. Sunf SCI Rep, 63 (4): 169 - 199

Shekhawat G S, Dravid V P. 2005. Nanoscale imaging of buried structures via scanning near-field ultrasound holography. Science, 310: 89 - 92

Somorjai G, Contreras A M, Montano M, et al. 2006. Clusters, surfaces, and catalysis. Proc Natl Acad SCI VSA, 103 (28): 10577 - 10583

Stamenkovic V R, Markovic N M. 2007. Improved oxygen reduction activity on Pt3Ni (111) via increased surface site availability. Science, 315: 493 - 497

Tian N, Zhou Z Y, Sun S G, et al. 2007. Synthesis of tetrahexahedral platinum nanocrystals with high-index facets and high electro-oxidation activity.

Science，316：732 – 735

Tian N，Zhou Z Y，Sun S G，et al. 2007. Synthesis of tetrahexahedral platinum nanocrystals with high-index facets and high electro-oxidation activity. Science，316：732 – 735

Wan Y，Yang H F，Zhao D Y. 2006. "Host-guest" chemistry in the synthesis of ordered nonsiliceous mesoporous materials. Acc Chem Res，39 (7)：423 – 432

Wang X，Li X，Zhang L，et al. 2009. N-doping of graphene through electrothermal reactions with ammonia. Science，324：768 – 771

Wang X，Peng Q，Li Y D. 2007. Interface-mediated growth of monodispersed nanostructures. Acc Chem Res，40 (8)：635 – 643

Wang X，Zhuang J，Peng Q，et al. 2005. A general strategy for nanocrystal synthesis. Nature，437 (7055)：121 – 124

Wang Z L，Song J H. 2006. Piezoelectric nanogenerators based on zinc oxide nanowire arrays. Science，312：242 – 246

Wang Z，Carter J A，Lagutchev A，et al. 2007. Dlott ultrafast flash thermal conductance of molecular chains. Science，317：787 – 790

Wu S W，Ogawa N，Ho W. 2006. Atomic-scale coupling of photons to single-molecule junctions. Science，312：1362 – 1365

Xiao C X，Cai Z P，Wang T，et al. 2008. Aqueous-phase fischer-tropsch synthesis with a ruthenium nanocluster catalyst. Angew Chem Int Ed，47 (4) ：746 – 749

Xie X W，Li Y，Liu Z Q，et al. 2009. Low-temperature oxidation of CO catalysed by Co_3O_4 nanorods. Nature，458：746 – 749

Yang H，Zhang L，Zhong L，et al. 2007. Enhanced cooperative activation effect in the hydrolytic kinetic Resolution of epoxides on [Co (salen)] catalysts confined in nanocages. Angew Chem Int Ed，46 (36)：6861 – 6865

Zhang F，Zhao L，Chen H，et al. 2008. Corrosion resistance of superhydrophobic layered double hydroxide films on aluminum. Angew Chem Int Ed，47 (13)：2466 – 2469

Zhang J，Lin Z，Lan Y Z，et al. 2006. A Multistep oriented attachment kinetics：coarsening of ZnS nanoparticles in concentrated NaOH. J Am Chem Soc，128 (39)：12981 – 12987

Zhao A，Li Q，Chen L，et al. 2005. Controlling the kondo effect of an adsorbed magnetic ion through its chemical bonding. Science，309：1542

Zhou K B，Wang X，Sun X M，et al. 2005. Enhanced catalytic activity of ceria nanorods from well-defined reactive crystal planes. J Catal，229 (1)：206－212

Zuo J M，Vartanyants I，Gao M，et al. 2003. Atomic resolution imaging of a carbon nanotube from diffraction intensities. Science，300：1419－1421

第四章

纳米科技发展布局和发展方向

纳米科技是具有巨大潜在应用价值的科研领域，在基础研究方面已取得了丰硕的研究成果，在应用开发方面还有更广阔的发展空间。纳米科技的总体发展趋势是将基础研究和应用研究相结合，使基础研究成果能够快速转化为产业化成果，将纳米技术应用到能源、环境治理、机械制造、公共卫生和国家安全等领域。在纳米科技的众多领域中，纳米材料的研究是纳米科技的重要基础；纳米器件与制造方面的突破性创新成果是取得具有自主知识产权的核心技术的关键；纳米表征技术是纳米科技发展的有力保障。纳米科技的发展为在量子水平上认识和调控纳米结构和催化过程提供了一条新途径，纳米结构的一系列独特性质和功能对生命科学和人类健康等领域具有重要的应用价值。下面分别从纳米材料、纳米表征技术、纳米器件与制造、纳米催化、纳米生物与医学五个方向阐述纳米科技未来 10 年的发展布局。

第一节 纳米材料的发展布局和发展方向

纳米材料研究是纳米科技的重要基础，研究对象包括尺寸及结构可控的纳米结构、大面积自组织生长的有序纳米材料、有机功能低维纳米材料、纳米结构的热力学和动力学行为等。进展较为突出并呈现出一定应用潜力的领域包括纳米结构材料、纳米能源材料、纳米环境材料等。

（一）尺寸及结构可控的纳米结构制备研究

纳米结构、尺寸、形貌的控制合成和宏量制备的相关研究具有重要的理论意义和实际价值。均一的尺寸分布、可控的表面性质、纳米粒子独特的量子尺寸效应与化合物自身特性的结合赋予了纳米材料丰富的磁性、荧光、介电等功能。

单分散纳米晶的控制合成是近期该领域研究的新动向。国内外研究表明具有不同晶面的纳米晶通常表现出不同的催化、光学等性质。在设计合成纳米催化剂的过程中，既要确保获得高比表面积的催化剂，又要获得更高的"有效"比表面积。其中涉及的关键科学问题有五个。

1）发展尺寸和结构可控的纳米结构合成方法，包括碳纳米管、石墨烯等先进纳米碳材料，低维金属、氧化物和半导体等新型纳米光电材料。立足于对制备过程中动力学、热力学的认识，系统开展单分散纳米晶的"晶面工程"研究，发展均一性纳米结构的大规模合成方法。

2）根据若干探针反应筛选出结构敏感催化剂，解决其制备过程中成核与生长可控性问题，合成出具有特定尺寸、形貌、表面结构的纳米晶。

3）发展纳米晶催化剂的负载新技术，有效地保持和发挥该类纳米晶催化剂尺寸效应、表面效应等优异性能。

4）在揭示不同纳米晶的催化活性差异基础上，进一步深入理解其优异催化性能现象下的物理化学本质。

5）发展稳定纳米晶催化剂的核壳包裹型和多重负载型多级纳米结构，以保证纳米晶催化剂在催化应用过程中的性能稳定性。

（二）有机功能低维纳米材料及器件

围绕有机固体纳米材料与纳米结构的可控制备，大尺寸的自组织生长和性能调控，发展定向、多维、大尺寸的自组装工艺。关注大尺寸、高度有序有机固体纳米材料的功能特性与结构及其应用，重点关注以下 5 个关键的科学问题。

1）有机功能低维纳米材料的构筑方法问题：发展自组装与自组织中的关键技术，以及可实现大尺寸组装、高度有序的有机功能纳米材料新技术。

2）对有机功能纳米材料的形成机制、生长过程进行探索，从理论上进行模拟，发展相关理论，为有机功能纳米材料的大量制备提供理论指导。

3）有机功能纳米材料的特性研究：从微观到宏观，揭示有机功能纳米材料的本质及有序纳米复合异质结结构的构筑，发展有机功能纳米尺度上的测试和分析技术。

4）有机功能纳米薄膜、纳米阵列在光、电、磁器件中的应用，如场效应晶体管、场发射器件、传感器件等。

5）有机功能纳米器件的探索：研究单根纳米线（管、棒）在器件中的应用，考察纳米结构中的载流子传输规律、纳米材料的尺寸效应、量子效应等，探索纳米效应的利用，纳米器件的构筑与互连，以及运用纳米结构和材料构筑客观生物结构等。

（三）纳米材料的热力学、生长与相变动力学基础研究

纳米材料的热力学、生长与相变动力学，以及其界面物理和化学的研究是纳米科学领域的一个基础研究方向。主要发展方向是热力学稳定纳米体系的成因、规律和普适性探讨，纳米材料取向结合新机制的动力学研究，表界面作用与纳米材料的相变机制及其稳定性的研究。所研究的内容直接涉及材料在纳米化后的一系列本质科学问题，为实现纳米材料的功能化提供重要的理论依据。其中涉及的重点研究问题有三个。

1）热力学稳定纳米体系的成因、规律和普适性探讨。热力学稳定纳米体系是近年来对纳米材料热力学的一个有益的探讨，值得进行深入的系统研究。①发现新的热力学稳定的纳米体系，

探讨其出现规律。②进一步深入系统地研究其生长动力学及热力学，分析热力学稳定的纳米体系的形成和构造条件；通过将分子动力学模拟和精细的结构分析相结合的研究方法，探索其表界面作用的微观机制，以达到更深入的认识。③研究热力学稳定的纳米材料及相关的热力学参数。

2）纳米材料取向结合新机制的动力学及其在材料合成中的指导作用。内容包括取向结合新机制产生的原因及控制取向结合新机制出现的条件，纳米粒子发生碰撞和结合的微观过程，取向结合生长动力学物理模型的建立和实验结果的拟合与解释；深入研究取向结合生长动力学对纳米材料生长中的尺寸变化，利用动力学研究结果和规律对纳米材料尺寸的实施调控，有目的地改变纳米粒子的生长过程，为纳米材料的可控合成提供有效的途径。

3）表界面作用与纳米材料的相变机制及其稳定性的研究。通过探讨影响界面自由能的两个因素——尺寸效应和界面效应，探讨相关重要的半导体纳米基材料在不同条件下的相变机制问题，发现新的相变现象，理解相应的相变模式，结合分子动力学理论计算的研究，建立新的相变模型；通过相变理论研究的结果，分析研究纳米材料在相关相变过程中的结构变化机制，研究在相变过程中材料的物理和化学性能的变化。从而为有目的地控制合成有某种特定相态的纳米材料打下基础。

（四）纳米孔材料的可控合成与应用

纳米孔材料本身所具有的众多优点和潜在广阔的应用前景必然使得其在未来科学研究中，以及化工、能源、水处理、生物科技等方面占据重要地位。随着人们对先进材料、清洁能源、生命科学、环境保护和医疗健康等问题关注程度的提高，纳米孔材料的研究方向主要有三个：有序介孔材料、纳米管材料的可控合成机制及理论基础，探索合成纳米复合型功能性有序介孔材料，开发有序介孔材料及纳米管孔材料的应用领域。纳米孔材料的研究重点包括以下五个方面。

1）有序介孔材料的合成机制，实现对介孔材料在更深层次、纳米尺度上的控制合成，获得有序介孔材料的新结构，设计多功能、多级有序、定向连接的介孔孔道结构，在分子尺度上对孔道"清晰"解析，得到孔道结构、孔道连通、孔道内表面粗糙度等方面信息。

2）以介孔材料合成的机制为指导，设计制备具有不同骨架组成、结构的纳米介孔材料，实现对介孔材料骨架物种的有效设计和调节，得到具有晶体孔墙、导电骨架结构的纳米介孔材料，从而推进纳米介孔材料在石油化工、新能源开发等方面，如重油大分子转化、催化加氢裂化、费托合成等的应用。

3）探索合成壳-核、纳米复合等功能性有序介孔材料，将独特的磁性、热电效应、导电性、光电效应等物理化学性质引入介孔材料中，赋予其更丰富的物化性能，从而推进纳米介孔材料在水处理与纯化（尤其是生物废水处理）、能量转化、生物鉴定检测、微纳传感器、智能药物等方面的应用。

4）以有序的介孔孔道为纳米阵列反应器，在其中研究纳米尺度下特殊物理化学性质，如质量传递、磁性、热电性、光电性等纳米效应，开发纳米介孔材料在信息、微器件、芯片等领域的应用。

5）探索水热稳定性高、耐酸（碱）化学稳定性强的介孔材料的合成或加工途径，以适应苛刻条件下的工业应用，探索高熔点半导体有序介孔材料的制备；研究功能化介孔材料规模化、工业化生产过程。

（五）功能纳米材料结构的基础研究

纳米材料的技术应用主要依赖其特殊的物理化学性能。目前，普遍把纳米材料所呈现的奇特物理化学性能归属于量子尺寸效应或限域效应。这使得纳米材料的功能难以定向实现，存在"黑匣子"效应。大量的研究表明，材料的结构决定性质。因此，开展纳米材料的结构基础研究，构筑纳米材料的结构-性能关系，有望彻底解析纳米材料的"黑匣子"之谜，从而获得具有特定的物理化学性能的纳米材料，为纳米材料的技术应用奠定扎实基础。功能导向的纳米材料的结构基础研究的重要发展方向有两个：研究并揭示纳米材料的结构变化规律，构筑纳米材料的结构-性能关系；在此基础上，设计和制备纳米材料，实现纳米材料的多功能化和智能化，为纳米材料的技术运用奠定基础。

（六）纳米材料在能量高效储存与转化中的应用基础研究

纳米材料在高能电池方面的应用主要包括绿色二次电池材料、燃料电池材料和太阳能电池材料三个方面。

1. 绿色二次电池材料

绿色二次电池主要包括锂离子电池、镍氢（Ni-MH）电池和可充碱性锌锰电池等，其能量的储存与转化主要取决于所用电极材料和电解质材料的结构和性能，尤其是电极材料的选择。各种绿色二次电池的优势如下。

1）大功率镍氢电池容量通常采取正极容量限制设计。氢氧化镍（$Ni(OH)_2$）作为镍氢电池的正极活性物质，其电极性能的改善是提高整体性能的关键。目前广泛使用的球形氢氧化镍由于扩散阻力，其核心部分在高温、高倍率放电下仍然呈现惰性。因此，镍电极的高温、高倍率放电性能仍待进一步提高。实验表明，纳米级氢氧化镍比微米级氢氧化镍具有更高的电化学反应可逆性和更快速的活化能力，采用该材料制作的电极在电化学氧化还原过程中极化较小、充电效率高、活性物质利用更充分，而且显示出放电电位较高的特点。

2）锂离子电池具有高比能量、低热效应、无记忆效应等突出优点，在便携式电子设备特别是移动电话、摄像机和便携式计算机等方面显示出广阔的应用前景，并逐步向大功率系统，如电动汽车或大型储能电池等领域拓展。锂离子电池正极材料主要是层状结构的 $LiMO_2$、尖晶石型结构的 LiM_2O_4、橄榄石型结构

$LiMPO_4$ 化合物（M 为钴（Co）、镍（Ni）、铁（Fe）、锰（Mn）、钒（V）等过渡金属离子）及其复合电极材料；负极材料主要是碳、硅、金属及其金属氧化物纳米材料。廉价而性能优良的正负极材料的开发一直是锂离子电池研究的重点，而如何提高电极材料的比容量是关键问题。正负极材料纳米化可以极大提高材料的可逆容量和扩散速率，有效降低扩散活化能，是提高比容量行之有效的方法。

3）作为可充碱性锌锰电池正极材料，纳米级二氧化锰（MnO_2）的电化学活性高于常规电解二氧化锰，放电容量更大，尤其适用于重负荷放电，表现出良好的去极化性能，具有一定的开发和应用潜力。纳米电极材料可以增大表面积，减小极化，提高离子的扩散速率和材料的电化学容量，改善电极的循环稳定性，从而实现能量高效储存与转化。但现有的纳米材料尚不能满足电池的全部要求，还需要进一步进行改性和提高。

2. 燃料电池材料

在燃料电池方面，要开展低铂高效纳米催化剂的研发，利用纳米材料提高储氢材料吸/放氢反应的热力学和动力学性能。

燃料电池是一种将储存在燃料和氧化剂中的化学能直接转化为电能的发电装置，具有高效、易启动、污染小等优点，是一种绿色能源。其中质子交换膜燃料电池（PEMFC）和直接甲醇燃料电池（DMFC）是未来电动汽车、分散电站和便携式电源的理想替代电源。金属空气电池是一类特殊的燃料电池，其燃料为金属，如镁、铝、锌等。

由于燃料氧化反应和氧化还原反应的速度缓慢，质子交换膜燃料电池、直接甲醇燃料电池和金属空气电池电催化剂普遍使用铂族金属。由于铂的价格昂贵、资源匮乏，所以成为燃料电池商业化的一大障碍。此外，燃料中通常会含有少量的一氧化碳（CO）气体，容易使膜电极组件（MEA）中的铂催化剂"中毒"。如何规模制备高分散、低铂高效的纳米 Pt/C 催化剂或纳米 Pt-Ru/C 催化剂是提高膜电极组件性能的关键技术之一。低铂高效催化剂的研发，就是利用纳米粒子或纳米管的表面与界面效应，即当粒子细化后，表面积迅速增加，表面原子数随之大幅度增加，表层原子处于电子不饱和状态，具有极高的化学活动能力，因而产生强催化活性，提高转化效率。

氢气作为质子交换膜燃料电池的燃料，其储运已成为制约质子交换膜燃料电池商用化应用的瓶颈之一。氢气的储运，还远没有达到国际能源机构（IEA）和美国能源部（DOE）提出的目标要求，因此，发展高能量密度、高效率和安全的氢储运技术是必须解决的关键技术问题。储氢方法有高压气态储存、低温液态储存和固态储存等三种，其中固态储存能量密度高且安全性好，被认为是最有发展前景的一种氢气储存方式。由轻元素组成的轻质高容量储氢材料，如硼氢化物、铝氢化物、氨基氢化物和金属有机框架材料等，理论储氢容量均达到 5%（质量浓度）以上，为固态储氢材料与技术的突破带来了希望。但轻质高容量储氢材料存在动力学和热力学性能差、可逆吸放氢容量距离理论储氢容量差距还很大、再生困难等缺点。通过降低材料的尺寸，使组织结构纳米化，可以改变储氢材料吸/放氢反应的热力学和动力学，显著提高它们的动力学和热力学性能，这已成为人们的共识。

3. 太阳能电池材料

发展新型纳米薄膜材料是提高染料敏化太阳电池光电性能的重要途径。染料敏化动力学过程的化学调控与超快光谱研究是目前相关基础研究领域的活跃前沿课题。

染料敏化太阳能电池主要由镀有透明导电膜的玻璃基底、纳米多孔半导体薄膜、染料敏化剂、氧化还原电解质、对电极等几部分组成。其中对电极为高分散的铂纳米粒子，而纳米多孔半导体薄膜具有三维网络结构，保持了半导体纳米颗粒的尺寸效应、表面效应、介电效应及其所导致的不寻常的光电化学行为。目前研究较多的是二氧化钛纳米多孔薄膜，经过四氯化钛（$TiCl_4$）和氯化氢（HCl）表面改性后，光电性能得到进一步改善。

（七）纳米材料在环境检测和治理中的应用研究

在环境治理应用中，一些纳米结构的碳材料和金属氧化物材料拥有较大的比表面积和良好的机械性能，适于吸附消除环境中的有害物质。还有一些金属盒半导体纳米材料，具有优良的催化（电催化、氧化还原催化、光催化、光电催化等）性能，可以用于环境污染物的降解去除。例如，二氧化钛作为光催化剂用于环境治理，比传统的生物法处理工艺优越，主要表现在三个方面：①反应条件温和，能耗低，在阳光下或在紫外线辐射下即可发挥作用；②反应速度快，有机物的降解在几分钟到数小时内即告完成；③反应活性高，能降解包括多氯联苯类化合物在内的许多结构稳定的有机化合物，避免二次污染，把有机物彻底降解成二氧化碳和水（H_2O）。在未来环境治理研究工作中重点发展方向有两个。

1）制备环境友好、高效的环境治理纳米材料。制备具有明确环境应用功能的有机、无机及其复合纳米材料，发展环境友好的纳米材料制造技术，将其吸附、催化、杀菌等特性用于废气、废水、固体垃圾的处理研究中，同时重视纳米材料的环境行为和生态、健康效应的研究。

2）发展纳米材料在环境监测方面的应用研究。应用纳米材料的小型化和高性能特点，研发应用于化学、生物、辐射及核暴露等领域的智能纳米传感器与纳米检测技术，研制应用于水、空气、土壤、食品污染等环境监测领域的高灵敏度、快速现场检测仪器。

第二节　纳米表征技术的发展布局和发展方向

纳米表征技术对于认识新型低维结构的特殊物性和开发其

应用有至关重要的作用。发展纳米尺度上的电学、光学、磁学等性质的精确实验测量技术不仅是探索纳米材料的结构和性质关系的基础，也是建立纳米相关理论、推动纳米材料应用研究的关键步骤。

目前，纳米表征技术的研究主要集中在以下七个方面：①纳米结构的高分辨表征技术；②纳米尺度的化学信息识别技术；③材料、结构和器件在纳米尺度上物理、化学性质的表征技术；④纳米材料制备与加工过程的原位、实时表征和监控技术；⑤单原子、单分子、单个纳米结构的物性表征技术；⑥纳米操纵技术；⑦关于纳米尺度的光、电、热、磁、力等特性的高分辨表征技术及其输运性质的检测技术，以及生物结构的高分辨表征技术等。

纳米表征技术的核心是发展和完善在纳米尺度上的结构，以及各种物理、化学性质表征的原理、方法和技术。纳米表征技术是现有显微技术和测量方法的拓展——由于纳米结构材料的特殊物理化学行为，需要系统地评估常规表征技术在实验测量中的有效性和准确性，并对建立新的显微技术提出了更高的要求。显微技术涉及的研究对象从原子、分子、纳米材料到功能性材料和器件甚至生物活体等。高分辨的成像分析技术、高效的识别技术依然是纳米表征领域发展的核心所在。

（一）低维材料的高分辨结构表征技术

高分辨结构表征技术包括电子显微镜技术、X射线衍射技术、扫描探针显微镜技术等。未来工作重点是发展无损、原位、实时和动态的高分辨率检测方法。

具有高分辨率的电子显微镜是研究物质微观结构和化学组成的重要技术手段。由于材料中的位错、晶界、偏析物和间隙原子等缺陷结构是影响材料及器件的物理、力学和电学性质的重要因素，获取材料的原子结构、化学成分和局域电子态的信息细节成为高分辨电子显微学的首要研究目标。从电子显微镜技术的发展角度来看，具有准单色的电子源、物镜球差校正器、无像差投影镜和能量过滤成像等部件的新一代透射电子显微镜可以获得"亚埃"、"亚电子伏特"水平的精细原子结构和原子间的成键信息。近年来，在电子透镜像差校正方面的技术和方法的突破使得高分辨电子显微镜发展到分辨单个原子的水平，这为发现和研究新型纳米材料（如碳纳米管）创造了条件，对纳米科技、信息材料等领域的研究和生产产生了巨大的推动作用。

2007 年年底，美国能源部电子显微镜中心装配成功基于球差校正技术的透射电子显微镜，其分辨率可以达到 0.5 埃，利用此系统成功地获得了由几十个原子宽的"纳米桥"连接的两个金晶体的高分辨图像，在连续曝光条件下，可以观察到单个金原子位置的变化。对于表面原子结构，以及晶界、位错甚至点缺陷等结构的高分辨表征对于理解材料的力学、电学、化学活性等非常重要（Preuss，2008）。

本原扫描探针显微镜是国际上近 20 年来发展起来的表面分析仪器，也是纳米表征和检测技术中最具代表性、发展最迅速的技术。扫描探针显微镜具有高分辨成像能力（原子级分辨率），能够实时、原位地对样品进行检测，对样品无特殊的要求，可在超高真空、大气，常温甚至溶液中工作，同时具有纳米操纵与加工功能。扫描探针显微镜广泛应用于纳米电子学、表面科学、材料科学及生命科学等领域，为人们认知微观世界起到了重要作用。

扫描隧道显微镜是基于量子隧穿原理，在发明之初就对金属和半导体的表面结构实现了原子分辨，随着纳米科技的逐步发展，扫描隧道显微镜正在逐步拓展研究体系，在生物分子的高分辨表征方面崭露头角。在扫描隧道显微镜基础上发展起来的原子力显微镜（AFM）在表面结构高分辨表征方面也向分子分辨、原子分辨方向发展。X 射线衍射是解析金属、半导体、陶瓷等无机材料，以及有机材料、生物分子晶体结构的重要手段。特别是在蛋白质结构解析方面已有十几位诺贝尔化学奖获得者。结合 X 射线衍射技术所获得的生物分子的高分辨率的晶体结构，可以利用扫描探针显微镜技术在生物活体水平研究生命物质的结构、功能及动力学特性。XRD 晶体结构和电子显微镜技术的结合也可以大大拓展研究体系，使得结晶困难的复合体更快地获得结构信息。此三种技术的互相融合是在时空间与倒易空间的有机结合，在三维与二维尺度高分辨表征的有机结合，不同测量环境（真空、大气、生理环境等）下获得的结构信息的互相补充，是纳米表征技术在高分辨结构表征方面的重要研究方向。

（二）纳米尺度的化学信息识别技术

结合电子显微镜技术和扫描探针显微镜技术的高分辨结构分析能力进一步发展识别化学官能团和成键信息的技术。主要发展技术包括：谱学技术（光谱、能谱等）可以提供纳米结构的化学信息（如成分、化学基团、化学环境等），但是由于探测探针（光束、X 射线、电子束、磁场等）的尺寸远远大于 100 纳米，所以测量的性质是大量纳米颗粒、分子的平均，要研究单个纳米材料，特别是纳米材料的表面局域化学性质，需要发展同时具有空间分辨和能量分辨的纳米表征技术。由于电子显微镜技术的高空间分辨率，透射电子显微镜中附加的能谱分析可以在单个纳米颗粒、纳米线、纳米管水平实现化学识别。这为纳米尺度的化学信息识别技术提供了很好的思路，但是目前只能实现元素成分的识别，今后应在电子显微镜技术的基础上进一步发展识别化学官能团和成键信息的技术。

扫描隧道显微镜技术可以通过测量流过隧道结的电流获得样品的能级信息及电子态密度的空间分布，因此不仅具有高分辨的结构分析本领，而且具有很高的能量分辨率，对于研究单个分子水平的化学信息识别提供了很好的平台。在过去的 20 年里，利用原子力显微镜探针的化学修饰进行了大量的高分辨化学信息识别的工作尝试，实现了表面化学官能团的识别、单个化学键断裂力的测量、生物配体-受体相互作用力的测定、单个生物分子构像转变相关的力测量、原位探测微生物对溶液中的重金属的固定过程等。目前利用抗原–抗体相互作用，已经实现了在活细胞水平研究细胞在不同生理条件下的应激变化、应力测量等。本原扫描探针显微镜技术与谱学技术的结合在高分辨的成像基础上大大提高了纳米尺度上显微技术的化学识别能力。例如，针尖增强的拉曼（Raman）光谱实现了单分子水平的拉曼光谱的测量，是空间分辨与化学信息识别的完美结合。在生物活体水平实现高分辨的化学信息识别非常重要，另外在化学传感器件、生物传感器件的工作状态下实现高分辨的化学信息识别对于理解器件工作机制，进一步改善和完善纳米传感器件至关重要。

（三）单分子光、电、磁性质及量子效应的检测

通过研究单分子电子态、自旋态及光子态等量子行为，实现对物质构造基本单元——分子的理解与调控。

人们认知物质世界的能力，随着显微技术的发展而迅速走向纳米乃至单分子尺度。现在扫描隧道显微镜研究的发展趋势为从空间分辨、能量分辨深入到空间、能量与时间分辨；从发现新的量子效应深入到对量子效应的调控和利用；通过研究单分子电子态、自旋态及光子态等量子行为，实现对物质构造基本单元——分子的理解与调控。通过对分子振动谱和光激发的电子隧穿谱的研究，开辟了在单分子尺度上研究表面催化反应、单个化学键的形成和破坏过程等新的研究方向，促进了表面催化机制的研究和新颖催化剂的探索工作。对单量子态进行探测，就是要消除多量子态的混合及统计涨落的影响，直接对单粒子、单分子量子态和宏观量子态等进行高精度的精密探测。单电子、单光子的测量和控制能力的提升，是实现各种人工量子结构和有实际用途量子器件的前提。

（四）纳米尺度下光、电、热、磁、力等物性及其输运性质表征技术

通过发展纳米尺度下各种物性及其输运性质的定性和半定

量的表征方法，发展新的测量原理、方法和技术，实现纳米尺度下基本物性的定量化测量；实现原位/外场作用下纳米材料性质与原子尺度结构演变的研究；对外场作用下缺陷的分布、成核、传播，以及缺陷最终导致纳米材料/器件的失效过程进行深入研究。

除了空间上的高分辨分析外，对于过程的监控也是纳米表征与检测领域非常重要的方面。纳米尺度下基本物性及其输运特性的表征是纳米材料和纳米器件的应用前提。器件的电荷传递、能量转换与传递过程在微观层面都体现为载能粒子间的相互作用，而这些相互作用的时间及空间尺度分别处于皮秒、飞秒和纳米范围，所以时间分辨与空间分辨的结合逐渐变得非常重要。此外，对生物体中存在的飞秒量级的能量传递、电荷转移等过程的研究，将有利于更有效地利用太阳光能设计超快响应的分子生物器件及未来的生物计算机。

将高分辨电镜技术与物性测量技术相结合，可以实现原位条件/外场作用下纳米材料性质与原子尺度结构演变的研究。对材料的微观结构、成分信息进行原位的直接观察，可以揭示外场（应力场、电场（流）、热场等）作用下物质/原子的运动/迁移规律，并对外场作用下缺陷的分布、成核、传播，以及缺陷最终导致纳米材料/器件的失效过程进行详尽的描述。

远场光谱的结构只是一定探测区域光谱的平均值，许多表征精细结构的光谱信息细节被丢失，因此，近场光学成像和近场光谱技术备受关注。拉曼光谱实现单分子水平检测。探针增强近场拉曼光谱术与光学成像和纳米形貌成像相结合形成纳米信息测量与表征的新研究方向——纳米局域光谱探测与指认，为纳米结构材料的分析提供了崭新的强有力的工具。

在纳米尺度电学性质的测量，特别是电输运测量中，将传统的四探针技术与显微分析技术相结合是一个重要的发展趋势。例如，在扫描电子显微镜系统中集成四个微探针或者四个本原扫描探针显微镜探针进行电输运和电导的测量，这种测量技术可以和半导体器件的测量技术兼容，对于纳米器件的研究和开发具有重要意义。为了研究纳米材料的本征电学性质，非接触模式的测量尤其重要。本原扫描探计显微镜技术具有很高的空间分辨率及灵敏的多信息同步探测的能力，为材料表面微区的物性研究提供了一种有效的实验方法。利用导电扫描探针技术可以探测样品的表面电荷、表面电势、微区导电性、微区介电特性、非线性特性等，这对材料、器件的失效分析，探测氧化物薄膜中的局域积累电荷，定量分析器件中结界面的静电势分布等有重要的意义。

纳米尺度的热输运测量一直是一个难题，基于谐波探测技术的接触式热物性测量方法可有效用于微纳米尺度热物性表征。瞬态热反射技术（TTR）作为一种泵浦-探测技术应用于纳米热输运研究领域，目前主要采用远场光学系统，空间分辨率受到衍射极限的限制，只能达到微米量级。发展飞秒泵浦-探测技术和近场光学系统的结合对于纳米尺度热输运测量将有极大的推动作用。另外，利用非接触模式的光学探测技术研究纳米尺度的热输运对于理解纳米材料、纳米器件的本征热物性也有非常重要的意义。

在纳米材料和器件的诸多性质中，力学性质不仅面广，而且也是评价纳米材料和器件的主要指标，是纳米材料和器件得以真正应用的关键。由于纳米尺度下的力学夹持、加载和测量都十分困难，纳米尺度下力学量的测量往往无法单纯进行，而是伴随各种其他不能忽略的相互作用，主要力学性质与变形和运动有关，这样往往超出了现有表征系统的功能范围。针对制约实现高精度力学测试的这些瓶颈问题，需要发展新的测试原理并实现设备开发，提高纳米尺度力学性能测试的精度。

磁性纳米结构和材料在磁记录介质、自旋电子器件、纳米药物等领域有着广泛的应用前景。纳米磁性材料的特性不同于常规磁性材料的原因是与磁相关的特征物理长度恰好处于纳米量级，因此在1～100纳米尺度上对磁单畴的结构、直流和交流磁特性、电输运性质的测量成为认识纳米磁性结构反常磁学性质的关键步骤。目前常用的磁强计、顺磁共振等测量技术反映的是样品中大量磁单体的集体行为，难以应用于对超顺磁性临界尺寸、交换作用长度等微观磁学性质的直接测量。发展高空间分辨的磁成像和测量技术将有力地推动对纳米磁性材料、磁性半导体纳米材料的本征磁特性的研究。

（五）亚表面结构探测和性能表征技术

利用亚表面的结构对超声波的散射和对表面驻波的干扰，结合扫描探针显微技术的高分辨扫描和高灵敏探测，发展扫描近场超声全息成像技术，实现包埋的微电子结构和细胞内部结构的三维成像、现封装器件的工作状态的机制研究及器件的无损失效分析。

目前，高分辨的表征技术基本上是二维的，如扫描探针显微技术获得的是表面的二维高分辨结构信息，而透射电子显微技术获得的是薄层物质的投影结构信息，如何获得亚表面的高分辨结构信息对于了解材料的物理、化学性能，复合材料的力学性能，封装器件的工作状态性能评价，封装器件的失效分析，生物体（细胞器、细胞、器官、组织等）内部的结构与功能的关系，实时、动态研究生物学过程和机制，疾病发生、发展的机制及疾病治疗过程的监控都非常重要。

（六）生物体的结构和性能的高分辨表征技术

研究生物体的结构和性能的高分辨表征需要发展以单分子、单细胞及细胞组织等生物活体为主要研究对象的光学显微成像技术，可以无创或微创进入活细胞、活体进行原位、实时探测的纳米检测方法。

生物体结构的高分辨表征也一直是纳米表征领域的研究重点。在传统的生物体结构高分辨表征中，X射线衍射、核磁共振（NMR）、透射电镜（TEM）、质谱（MS）等技术一直发挥重要作用，特别是X射线衍射在解析脱氧核糖核酸（DNA）、蛋白质甚至核糖体等细胞器的结构方面仍然处于无可替代的地位。但是，随着高分辨的二维核磁共振技术、高分辨的冷冻刻蚀透射电镜技术的发展，结合飞速发展的计算机图形分析技术和理论模拟与计算技术，透射电镜、核磁共振等技术在解析生物结构方面逐渐发挥越来越重要的作用，特别是在难以结晶的蛋白质、组装体等方面更有优势。

目前，随着纳米生物技术的发展，以单分子、单细胞及细胞组织等生物活体为主要研究对象的光学显微成像技术的研究与开发已成为目前国内外研究开发的重点领域之一，主要发展趋势是提高光学显微技术的空间分辨能力与时间分辨能力。空间分辨率的提高目前主要通过共聚焦技术、多光子过程等，采用光学切片技术进行三维成像。在时间分辨率方面，通过时间分辨光谱成像技术、高速扫描成像技术等提高扫描成像速度，从而提高时间分辨率。利用生物纳米技术，在基因和分子水平上研究相关生命活动的机制，发展可以无创或微创进入活细胞、活体进行原位、实时探测的纳米检测方法，将有利于深入了解各种复杂的生命及化学过程，以满足生物医学基础研究，以及重大疾病的诊断与治疗方面的迫切需要，并且对于药物的筛选与开发也具有非常大的推动作用。

第三节 纳米器件与制造发展布局和发展方向

纳米材料的研究已经获得了长足的进步。在此基础上，纳米科技开始向生物和电子方面渗透，并展现出广阔的应用前景。这一发展趋势从纳米科技的研发进展中可找到实例，如纳米器件的研发，由于微电子技术的小型化趋势受到物理和技术的局限，迫切需要引入纳米技术，利用物质小到纳米尺度时的量子尺寸效应和全新理念来设计和制造新器件。纳米器件的发展是国家整体纳米科技水平的重要体现，国际上很多发达国家都在发展纳米科技的研究规划中重点提出要发展纳米器件的研究与制造领域。例如，美国的《国家纳米计划》明确提出了五个优先发展方向，其中三个都与纳米器件与制造相关：合成和加工纳米材料结构单元及系统组件，纳米器件的概念和系统的结构研究，纳米结构材料和系统在制造、能源、环境和保健等方面的应用。2008～2010年，美国政府在"纳米器件与制造"方面的实际/预算投入均超过 4 亿美元。

与纳米材料和纳米表征领域相比，我国的纳米器件研究力量比较薄弱，还缺少突破性的结果。我国的纳米器件与制造技术研究由于受资源和微电子产业水平等诸多因素的制约，与发达国家相比存在着明显的差距。未来关于纳米器件的发展布局和发展方向主要是加强前瞻性、原创性的纳米器件基础与理论探索，力争在典型的纳米器件研究领域都有适当布局，在若干重要的纳米器件研究方面形成数个具有较大国际影响的研究团队。在发展布局上分为三个层次。

（一）延伸现行微电子器件技术摩尔定律的新材料、新技术和新理论

针对现行硅基微电子器件纳米化进程中涉及的材料与技术挑战开展创新性的研究探索，致力于发展具有自主知识产权的新材料和新技术。充分发掘纳电子技术在延伸摩尔定律中的作用，开展特征尺寸为 30 纳米以下的芯片；利用新的物理现象扩展 CMOS 的功能和新的系统结构；利用 CMOS 与其他纳米器件集成的界面技术，提高我国微电子产业的竞争力。

（二）突破硅基微电子技术极限的新原理器件及其科学基础

着眼于后 CMOS 时代的纳电子技术与纳电子器件，将更好地体现受限电子的量子行为，以实现高速运算、低能耗和更高存储密度。

（三）研究用于信息获取、处理、传输、存储、显示的新材料、新结构和新原理

研究信息处理各个环节所需要的各种新材料，如光、电、磁等纳米传感器；研制特定环境和功能的纳机电系统，实现从微机电向纳机电的过渡技术；研发生物仿生学应用于纳机电系统的组件，将单组件集成为可操作的纳机电系统器件等。

第四节　纳米催化的发展布局和发展方向

纳米催化是以纳米催化材料为基础，采用纳米表征技术对催化材料和催化反应进行原位动态研究，在理论和计算的辅助和指导下，理解纳米催化体系所表现出的纳米效应并利用其对催化反应方向（选择性）和速度（活性）进行有效调控，实现高选择性、高效、绿色、可持续的催化过程。纳米催化是涵盖化学、材料科学、生物学等学科的综合交叉学科，其主要发展方向和研究领域如图 4-1 所示。

图 4-1　纳米催化的发展方向和主要研究领域

（一）纳米催化理论和规律的认知和构建

与体相材料相比，纳米催化体系表现出许多独特的性质。尤

其是当催化体系的尺度减小到纳米时，材料的表面积增加，电子结构由于量子效应发生改变，同时界面作用显著增加，这些因素导致了表面效应、量子尺寸效应、界面效应等纳米催化体系所特有的现象。纳米催化研究的一个重要任务是探索纳米催化体系中的新反应机制，构建纳米催化体系中的新催化理论，为设计和发展新型高效催化体系提供理论指导；另一个重要任务是理解纳米催化材料在原位反应过程中的稳定化和结构响应规律。

纳米催化的理论研究方面：①应发展能够描述复杂的、多组分的催化材料和反应物的简化模型，并能准确地预言催化反应的热力学和动力学特性；研究在实际反应条件下控制催化反应势能面的速控步，反应条件对催化反应机制的影响，以及跨尺度（空间、时间）的理论描述方法。②研究发展准确、高效确定催化反应过渡态的方法和复杂体系的电子的激发态的计算，发展高精度的、大规模、跨尺度的大规模并行理论计算程序。③研究重要能源反应的微观机制，研究非贵金属替代的基本原理，研究碳材料的功能化和活化；研究纳米催化材料的设计和筛选原理，以及对重要催化反应活性和选择性的调控。

（二）纳米催化材料的定向设计和可控制备

实现催化的研究和实践从"烹调"向"科学"转变，关键是实现催化材料的定向设计和可控制备。

1）纳米催化剂的可控制备。①重点发展液相合成技术、纳米孔道组装技术、质量选择技术、表面模版技术等制备金属或氧化物纳米催化材料的方法。②对于纳米粒子体系，重点实现粒子尺寸、形貌等可控；一维纳米线需要控制合成特定晶面及控制长径比；研究相关体系中的纳米尺寸效应和表面效应。

2）纳米催化体系的界面设计。在双（多）活性组分催化体系中实现在原子和分子层次上合理设计和构建活性组分间的界面结构；设计催化剂与载体间的界面结构，利用催化剂与载体间相互作用调控催化剂的结构和性能；研究活性组分，以及活性组分与载体之间的协同效应和界面效应。

3）纳米催化材料稳定性的控制。①重点发展能够提高纳米催化剂在反应过程中稳定性的有效方法和过程。②研究利用多孔材料的限阈效应提高催化剂的稳定性；利用催化剂与载体间的界面作用稳定催化剂。

4）发展新型高效非贵金属催化材料。制备纳米结构的金属氧化物、金属碳化物、金属氮化物等新型催化材料来减少贵金属用量并最终实现贵金属替代；研制纳米结构碳材料，包括碳纳米管、石墨烯等，用于相关催化反应过程并实现无金属催化反应过程。

5）仿生催化剂的设计和制备。利用生物酶的结构特点和酶催化的原理设计合成具有特定结构的仿生催化剂，实现低温、高选择性地催化相关反应过程。

（三）纳米催化原位动态研究技术的发展

催化过程通常发生在高温、高压，以及大量反应物和产物共存的体系中，其基元过程往往在纳秒或更短的时间内在分子、原子尺度的"活性中心"上完成。实现在高空间分辨、能量分辨和时间分辨条件下对催化材料和表面反应过程进行原位、动态表征是纳米催化研究的一个重要方向。

1）发展具有高空间分辨能力的原位显微学表征技术。例如，优先发展环境透射电子显微镜（ETEM），实现反应气氛条件下的单原子分辨；优先发展高压条件、快速扫描的原子分辨扫描隧道显微镜（HPSTM）和原子力显微镜，高空间分辨的光电子显微镜（PEEM）和低能电子显微镜（LEEM），实现表面催化反应过程的高压、高温动态观察；优先发展环境扫描电子显微镜（ESEM）等。

2）发展时间分辨的原位谱学表征技术。例如，优先发展时间分辨红外光谱用于原位催化反应研究，优先发展时间分辨的原位拉曼光谱，结合针尖增强效应实现高灵敏度以及空间分辨功能；优先发展双光子技术研究催化反应的超快过程，以及全和频发生谱（SFG）等。

3）基于大科学装置的原位催化表征技术。基于同步辐射光源的 X 射线吸收谱（XAS）、延伸 X 射线吸收微细结构谱（EXAFS）等技术实现催化反应的原位研究；基于同步辐射技术的高压 X 射线光电子能谱（HP-XPS），实现高压条件下表面反应的原位研究；基于同步辐射光源的高分辨的 X 射线微区成像技术；基于自由电子激光源的原位谱学技术；基于散裂中子源的中子散射技术原位研究催化反应过程等。

（四）纳米催化的应用

纳米催化的应用主要集中在能源、环境与精细化工领域。传统化石能源的高效利用，其关键是发展新型高效纳米催化体系，实现低温、高效、绿色的催化新过程。新能源反应包括以提高能源效率、优化生态环境为主旨的氢能技术和燃料电池技术，太阳能光化学转化过程，废水、废气等污染物的高效去除。

1）传统化石能源的高效利用。重点发展新型高效纳米催化材料，实现化石能源的高效（高活性-高选择性）、低温、绿色化，以及非贵金属替代的催化转化过程。重要的反应包括合成气转化制备甲醇和乙二醇、合成气制油的 F-T 反应、甲烷活化。

2）氢能技术和燃料电池技术。重点发展低温燃料电池用的高性能、高稳定性、抗中毒的长效催化剂，包括 Pt-基催化剂、稀土类和过渡金属替代贵金属催化剂、新型纳米结构碳催化剂等；发展新型储氢材料。

3）太阳能光化学转化过程。发展光催化分解水、光解硫化氢（H_2S）、光催化分解生物质制备化学品等技术，通过催化剂的纳米化和多种催化材料的复合提高催化活性，降低表观能隙，从而进一步提高光利用效率。

4）生物质的高效催化转化。设计新型、稳定、高效纳米催化剂，实现生物质催化转化的新途径，从生物质制备氢和其他化学品。

5）环境保护。发展高活性和高稳定性汽车尾气净化、空气净化和水处理等催化剂，通过纳米技术，实现相关催化剂中贵金属的替代。

6）高选择性精细化工催化合成。针对医药、农药、染料等领域相关的重要化学反应类型，发展高选择性、高活性、稳定性优良且环境友好的纳米复合催化剂。

第五节 纳米生物与医学的发展布局和发展方向

纳米生物与医学是纳米科技中重要的应用研究，涉及诸多领域的交叉融合。纳米生物与医学的发展还处于初始阶段，我国科研人员更应抓住机会，在纳米材料和技术领域中开拓新的天地。未来 10 年的发展布局主要集中在以下五个方面。

（一）纳米生物效应

1. 纳米体系与生物体相互作用的基本过程（新问题、新现象、新规律）

与微米颗粒相比，纳米特性是决定纳米颗粒的特殊理化性质与特殊生物学效应的关键因素。例如，纳米尺寸效应，纳米颗粒的尺寸与生物体系的细胞器、蛋白、DNA 大小相当，而且反应活性极强，容易进入细胞，预计将容易与蛋白分子或 DNA 发生相互作用。因此，研究到达靶器官的纳米颗粒与靶细胞、靶分子之间的相互作用过程及规律，揭示其与纳米特性之间的相互关系，是阐明纳米生物学效应的关键。例如，研究不同纳米参数的纳米颗粒进入细胞的方式和跨膜机制；进入血液循环系统的不同参数的纳米颗粒，在何种生物水平激活凝血系统，如何影响血液细胞的功能；研究不同参数的纳米颗粒是否会引起免疫系统的识别和非常规免疫应答；研究纳米颗粒对细胞生长行为及细胞间通信系统的影响；探索不同尺寸的纳米颗粒与靶分子的作用规律，阐明纳米颗粒与靶器官、靶细胞或靶分子相互作用的特殊机制，以及对生命过程潜在的有益的影响。

研究纳米颗粒模拟酶新概念，研究纳米生物催化的基础理论，探讨多相催化、均相催化和生物酶催化的共同特点。例如，在具有过氧化物酶催化活性的磁纳米颗粒表面引入特定的分子修饰，模拟多种过氧化物酶的催化活性，实现多种底物的选择性催化。这种分子表面修饰能提高纳米催化的选择性、稳定性和分散性，有助于纳米催化材料的广泛应用。

2. 纳米结构材料/颗粒的毒理学效应与安全性问题

研究纳米尺度的物质与生物体相互作用所产生的生物学和毒理学效应，其内容包括如下四个方面：①系统地研究纳米材料与生命过程相互作用的共性规律，如生物屏障对纳米颗粒的防御能力，不同特性的纳米颗粒与主要生物屏障相互作用的基本规律，纳米颗粒进入体内的关键途径和机制；进入体内的纳米颗粒在生物体内的特殊行为，在各种体液环境下纳米颗粒的动态变化及其引发的生物体内局部微环境的变化，以及其与疾病的关联；特殊生物化学行为所导致的纳米毒理学效应，建立体内纳米颗粒的实时、定量探测的创新性方法。②研究不同纳米颗粒、不同剂量、不同暴露途径下的毒代动力学、引发的机体应激反应、作用靶器官的变化等，研究寻找纳米材料毒性的生物标志物。③发展纳米生物效应数值分析方法，研究构建纳米安全性模型或半经验模型。④探索能否实现纳米生物效应的模型预测。

由于纳米材料在药物传递、医学成像和临床诊断方面有着重要意义，其对细胞作用的机制及其在生物体内的安全性正受到越来越多的关注。对即将开始进入生物医学研究阶段或者即将进入临床前研究阶段的纳米粒子、器件及制剂进行体外纳米生物效应研究和体内生物相容性研究，重点研究和揭示纳米颗粒对重大疾病和人体安全相关的细胞信号传导通路、细胞离子通道、血液系统、免疫系统的作用，能为标准化工作提供重要的科学依据和理论基础，同时建立纳米生物安全性标准化评价方法和体系。今后，科研工作者需要在不同层面（分子、细胞、组织、整体）研究纳米材料对机体不同系统的作用以及所引起的生物效应，并建立安全性评价体系。具体优先研究领域是：在材料方面，研究标准物质制备；在整体水平上，研究免疫系统、血液系统的作用以及安全限度；在细胞水平上，研究细胞信号传导通路、离子通路的作用；在分子水平上，研究其对蛋白质分子功能的影响。

（二）纳米医学

1. 纳米生物医学领域新出现的与复杂体系相关的物理化学问题

纳米生物医学领域新出现的与复杂体系相关的物理化学问题主要有在以生物医学应用为目的纳米表面化学修饰方面，发展增加药物水溶性和分散性的纳米技术，以实现延长血药循环时间，增加靶向性和在靶点的药物释放的目标。在多功能生物医学高分子纳米材料的设计与合成方面，将高分子纳米颗粒作为多位点平台，连接药物、示踪用荧光分子、靶向性分子等，让纳米载体具有良好的靶向和有效的药物释放功能。设计和合成富勒烯衍生物，将其用于体内的免疫调节、抗肿瘤等。发展用于药物和基因输送载体的生物相容性纳米材料。

纳米材料在医学领域中最引人注目的应用，是作为药物载体。作为药物载体的材料主要有金属纳米颗粒、无机非金属纳米颗粒、生物降解性高分子纳米颗粒和生物活性纳米颗粒。将纳米粒用做药物载体具有许多显著优点，磁性纳米颗粒作为药物载体，在外磁场的引导下集中于病患部位，进行定位病变治疗，利于提高药效，减少不良反应。用纳米材料将药物包被形成载药纳米粒子，不仅可对药物进行保护，而且纳米粒因构建材料种类或配比不同而具有不同的释药速度，因此可制备出控制性释放药物的载药纳米粒。载药纳米粒到达靶部位时,药效损失很小,而且可延长药物作用时间。

2. 用于重大疾病的早期诊断与治疗的纳米技术

在纳米生物医学的应用基础研究方面,发展新型的生物医学探针和传感器,用于肿瘤学、病毒学等的基础研究,实现纳米生物医学诊断和纳米生物医学成像,解决目前临床应用中生物医学检测和诊断方法检测速度慢、灵敏度低等缺点,逐渐形成与化学、物理、生物、医学、影像学密切结合的纳米生物医学诊断、纳米生物医学成像、纳米肿瘤学、病毒纳米技术等重点研究方向。

纳米材料为癌症、艾滋病、心血管疾病等的诊断和防治提供了新的机遇。纳米粒子可以作为疾病早期诊断的纳米传感器;纳米级粒子可以使药物在人体内的传输更为方便,用数层纳米粒子包裹的智能药物进入人体后,可主动搜索并攻击癌细胞或修补损伤组织。例如,纳米粒子本身可以杀死癌细胞而对正常的细胞没有影响。将纳米技术运用于重大疾病的诊断与防治过程中,还要解决很多的问题:①纳米材料的生物安全性问题,纳米材料的材质、尺寸、包覆材料种类、纳米材料进入生物体的方式、发挥作用的外部环境及在生物体内的代谢变化都有可能对纳米材料的生物安全性产生影响;②要提高纳米药物的产量,降低生产成本;③发现新的纳米材料应用于生物医学研究。

纳米载体既可以极大地提升传统化疗药物的疗效,又可以较大程度地降低其毒性,还可以通过表面修饰连接导向分子,从而把相对便宜的传统化疗药变为新型的高效低毒和具有一定靶向性的药物,提升药效并降低原型药的毒副作用,如以重大疾病的高效低毒治疗为牵引目标,在免疫治疗、基因治疗、药物新剂型、肿瘤导向分子、荧光探针等方面开展研究,最终研发出纳米佐剂和纳米疫苗,发展抗肿瘤免疫治疗新方法,将传统化疗药物纳米化,提高抗肿瘤药物的治疗功效等。

（三）生物纳米技术

第一，生物医学成像纳米技术。纳米材料具有许多独特的物理学性质，其作为医学上分子影像的造影试剂的研究在最近几年内得到了广泛重视。未来重点发展基于纳米光学材料、磁性材料、声学材料、多功能复合材料等的生物成像技术。

第二，发展高通量生物分离纳米技术，细胞的标记、识别、操控的纳米技术，包括发展光学、磁学及多功能成像技术，生物芯片技术及发现新的生物标志物等。

1. 光学成像

光学成像是荧光纳米分子影像新技术的特点，实时可视化研究病原微生物（如病毒等）与宿主相互作用，可以最直接、最真实地揭示其侵染和致病等生命活动过程。而以往对于病原微生物（如病毒等）与宿主相互作用的了解，主要是以生化和分子生物学手段在体外进行研究，几乎很难实现对病原微生物（如病毒等）侵染过程的实时监测和体现。故在活细胞内及活体对病原微生物生命活动过程进行高灵敏、高分辨、实时、原位、动态研究是极具创新且备受关注的课题，必将成为生命科学研究的热点，对病原微生物学乃至整个生命科学研究都具有重大意义。

光学成像包括荧光成像、拉曼成像、光声成像，以及一些基于非线性光学的生物成像。其中基于量子点的光学成像得到了最为广泛的研究。量子点依赖尺寸的光学和电子学的性质，通过改变粒子尺寸，激发与发射光谱能够被连续地调节，在生物医学成像中有着广泛的应用。其他新型光学原理的生物成像近年来也得到快速的发展。

发展纳米/分子传感、活细胞单分子行为可视化等生物分子影像分析新方法，在活细胞内直接可视化研究病原-宿主相互作用的动态过程，将可能实时获取诸如病毒侵染过程中重要或关键分子事件，如吸附、侵入、脱壳、生物大分子（核酸、蛋白等）

的运动行为及轨迹等生命过程信息，可以对病原的侵染和致病等生命活动给出最本质和最真实的解答。因此，荧光纳米新技术用于病原微生物（如病毒等）侵染活细胞的实时动态过程的分子影像和单分子示踪研究，必将对病原微生物及其与宿主间的相互作用的基本问题产生重大发现和新的理解。同时，也将极大地促进纳米科学与生物医学的交叉和发展，为纳米科技提供更为广阔的应用空间。

光学成像的优点是空间分辨率高、探测灵敏度高，而且可以同时成像多种靶体。然而其最大的缺点是光的组织穿透性差，难以探测深层组织。近红外光处于一个生物组织和水的光学通透区间，具有最大的生物穿透性和较小的背景荧光，近红外光学成像是光学成像尤其是体内光学成像重要的发展方向。

2. 磁学成像

基于磁性材料的核磁共振成像（MRI）和基于微气泡的超声成像的分辨率和灵敏度相对较差，无法同时成像多种靶体，但是具有很高的组织穿透性，可以用于深层生物组织的成像，其他的一些成像手段，如放射性同位素成像等也各有一些局限性。因此综合多种材料性质的多功能的复合材料有可能为体内分子影像学带来新的机遇。其中，基于磁性纳米材料的核磁共振成像是目前相对比较成熟的医学成像技术，已有数种磁性纳米颗粒被用于临床的癌症核磁共振成像造影。磁性材料用于生物成像有着很大的应用前景。不同于光学成像，核磁共振成像没有成像深度的限制，可以用于深部器官和病灶，如腹腔和颅内肿瘤等的造影与检测。一些新型的核磁共振成像技术，如功能核磁共振的发展，为疾病的诊断与生理学功能研究提供了新的有力工具。

3. 基于功能纳米材料的其他成像手段与多功能成像

许多功能纳米材料也能被用于一些新颖的生物成像手段，如纳米微气泡可以被用于超声成像的造影试剂，发射性标记的纳米材料已被用于正电子发射断层显像技术（PET）和单光子发射计算机断层成像术（SPECT）成像，金纳米粒子等也能被用于 X 射线造影。每一种成像手段都有一定的局限性，如光学成像的组织穿透性较低、核磁共振成像的空间分辨率较低等。将两种或多种功能的新型复合纳米材料结合而形成的新材料可以作为多种成像机制的造影试剂，能克服单一成像技术的局限性而实现一些新的应用。未来可以设计和发展具有多种功能的纳米粒子，这些多功能纳米粒子可以同时用于成像和靶向治疗、靶向双模式成像，或者用于靶向双重药物治疗，并发展可以被生物降解或自主装的生物相容性纳米粒子探针。

4. 生物芯片研究

目前，生物芯片材料已成功运用于单细胞分离、基因突变分析、基因扩增与免疫分析（如在癌症等临床诊断中作为细胞内部信号的传感器等领域）。该方法同传统方法相比，具有操作简便、费用低、快速、安全等特点。研究用这类技术在肿瘤早期的血液中检查癌细胞，可以实现癌症的早期诊断和治疗。

5. 发现新的分子标志物

发现新的分子标志物的主要工作是：寻找可用于肿瘤、心血管疾病、糖尿病等重要疾病早期快速诊断的标记分子，可用于靶向病变细胞（如携带乙肝病毒（HBV）、人类获得性免疫缺陷病毒等的细胞）的标记分子；发展干细胞研究中的标记与分子识别；发展新型纳米材料在细胞标记中的应用；进行纳米-生物界面研究，探讨纳米材料的生物学效应，构建多功能生物纳米结构；发展用于细胞标记的无毒纳米材料。

6. 基于微纳器件的单细胞结构、行为和特性研究

基于微纳器件的单细胞结构、行为和特性研究的工作主要是：基于微机电系统和纳机电系统的细胞牵张、迁移、分化与再生行为研究；单细胞微生物燃料电池基础研究；用纳米材料对干细胞形态和免疫学表现型及基因型进行标记等。

在纳米仿生技术方面，开展自然材料的微观结构分析与表征方法，自然材料的特异功能与其多尺度微观结构的关系，纳米仿生的设计原理探索与理论研究等方面的研究工作。

自然材料的多尺度微观结构与性能关系方面，从仿生角度出发，从分子、纳米、微米尺度体系深入研究自然界中具有特异性能的材料物理化学结构特征，特别是对其功能起关键作用的表、界面结构与特性的内在联系进行研究，揭示自然材料的多尺度微观结构与结构性能之间的本质关系。①重点研究自然材料的微观结构分析与表征方法；自然材料的特异功能与其多尺度微观结构的关系；纳米仿生的设计原理探索与理论研究等。②研究仿生高性能纳米结构材料的多尺度、多级次功能组装、制备与应用：在空间精确地控制纳米结构单元的组分序列和空间构型，制备具有空间构型稳定但可调的初级结构；协调纳米结构间的各种相互作用力，构建一个组装-解离的可控平衡，实现纳米结构的动态组装；实现纳米结构多级化和程序化组装，制备多级多层次有序的功能纳米结构组装体系；借助界面效应、多尺度结构效应、物性协同效应、弱相互作用效应及仿生智能化效应，仿生构筑在外场，如电、光、热、应力、应变、化学、核辐射等作用下，具有感知、驱动和控制功能的纳米器件。

（四）纳米材料在组织工程中的应用

利用纳米技术构建能够激发细胞增殖和再生本能的细胞支架，为再生医学的进步提供重要的物质基础。针对工程化血管、骨、软骨、神经组织的临床需求，开展纳米技术与再生医学研究，包括仿生纳米结构支架的设计与构建、微环境对组织再生与修复的作用机制、纳米结构调控和生物功能分子的可控释放对干细胞定向分化的作用机制。

材料支架在组织工程中起重要作用，因为贴壁依赖型细胞只有在材料上贴附后，才能生长和分化。模仿天然的细胞外基质胶原的结构制成的含纳米纤维的生物可降解材料已开始应用于组织工程的体外及动物实验，并将具有良好的应用前景。清华大学研究开发的纳米级羟基磷灰石/胶原复合物在组成上模仿了天然骨基质中无机和有机成分，其纳米级的微结构类似于天然骨基质。体外及动物实验表明，此种羟基磷灰石/胶原复合物是良好的骨修复纳米生物材料。

（五）纳米-生物体系的分子动力学模型与理论计算

纳米-生物体系的分子动力学模型与理论计算的主要内容包括药物分子/纳米颗粒与生物大分子的相互作用，纳米材料对生物分子构象的影响，纳米颗粒与生物膜的相互作用，纳米颗粒性状与毒性的关系，生物大分子的结构与弹性，天然或人工生物分子机器（如核酸分子器件）的构象动力学和非平衡态统计力学，生物大分子的粗粒化建模与分子动力学模拟，针对单分子实验数据的时间序列分析及建模，生物膜上纳米畴筏结构形成的机理，纳米颗粒性状与毒性的关系的理论研究。

理论和计算不仅能对已有实验结果进行验证或质疑，深化对实验结果的理解，而且在实验手段力所难及的方面更可以发挥关键作用，且往往能启发新的实验。对于高度复杂的纳米生物体系，理论和计算的作用更加明显。例如，在蛋白酶分子如何与底物分子结合的研究中，生物学家类比于宏观力学机器图像提出的"诱导-契合"（induced-fit）学说长期占据统治地位，但物理学家从蛋白分子结构的复杂性及纳米系统的热涨落特征出发提出的"构象选择"（conformational selection）机制在物理上更为合理。后一学说已经得到近期多个单分子实验的支持。一旦这一学说确立，将会对计算机辅助药物设计等多方面产生实质性影响。类似地，理论和模拟计算对于理解蛋白质/核糖核酸（RNA）折叠、DNA力学及结构转变、分子马达的机械-化学耦合、生物分子相互作用等诸多课题已经发挥了关键作用，一些成熟的理论模型或方法有望应用于纳米生物学研究。

第五章

纳米科技中的优先发展领域
与重大交叉研究领域

为在纳米科技领域中取得更多原创性的成果，实现重点突破，解决国家战略需求中的一些关键性、基础性的问题，以国家需求为索引，以纳米科技发展的基础科学问题为导向，依据已有基础和发展前景，纳米科技发展战略研究组确定了 2011～2020 年我国纳米科技发展战略研究中基础研究的优先发展领域与重大交叉研究领域。

第一节　尺寸及结构可控的
纳米结构制备研究

尺寸及结构可控的纳米结构制备研究的内容主要包括三个方面：①发展尺寸及结构可控的纳米结构合成方法，包括碳纳米管、石墨烯等先进纳米碳材料，低维金属、氧化物和半导体等新型纳米光电材料。②重点研究其可控规模化制备、性能调控、自组装过程。③开展单分散纳米晶的"晶面工程"研究，兼顾均一性纳米材料的大规模合成，发展纳米晶催化剂的负载新技术，发展新型高效非贵金属催化材料，发展稳定纳米晶催化剂性能的结构策略。

尺寸及结构可控的纳米结构制备研究重点关注如下关键科学

问题。

1) 发展尺寸和结构可控的纳米结构合成方法，包括碳纳米管、石墨烯等先进纳米碳材料，低维金属、氧化物和半导体等新型纳米光电材料。

2) 根据若干探针反应筛选出结构敏感催化剂，解决其制备过程中成核与生长可控性问题，合成出具有特定尺寸、形貌、表面结构的纳米晶。

3) 发展纳米簇催化剂合成与负载新技术，有效地保持和发挥该类纳米簇催化剂尺寸效应、表面效应（晶面）等优异性能，发展催化性能调控新方法与新原理。

4) 发展稳定纳米晶催化剂的多级纳米结构策略，以有效防止纳米晶在催化过程中的团聚生长，保证纳米晶催化剂性能的稳定性。

第二节　有机功能低维纳米材料及器件

有机功能低维纳米材料及器件研究工作的主要内容：从功能有机分子出发，通过自组装形成功能性具有确定结构和形状的纳米结构材料，研究其结构和形貌的调控，探索有机纳米材料固体结构所表现的物性，研究它们在材料上的宏观表现；发展定向、维数可控、大面积、高有序自组装技术，实现这些材料在未来高技术发展中关键器件的应用。

有机功能低维纳米材料及器件研究工作重点关注如下关键科学问题。

1) 有机功能低维纳米材料构建方法学。研究有机功能纳米材料生长机制、组装和自组装技术，发展大面积、高有序、结构和性能可控的有机纳米结构和材料。建立有机纳米结构和材料在微观尺度的表征和分析方法，探索新概念下的性质和性能测量方法和技术。

2) 有机功能纳米器件探索。研究低维纳米阵列及单根纳米线（管、棒）在器件中的应用，考察有机纳米结构中的载流子传输规律、纳米材料的尺寸效应、量子效应等。探索纳米效应的利用和纳米器件的构筑与互连等。探索和发展分子自旋电子学，重点研究分子纳米磁体的量子效应；表面与磁性分子的作用，表面上磁性分子之间的相互作用；单分子磁性和运输性质及其关联；操纵和控制表面磁性分子的电子和自旋态，以期发展新的分子自旋电子器件，如分子自旋隧道节器件、分子自旋三极管器件等。

3）分子电子学与分子器件。发展综合性能优异的分子电子材料，研究基于单分子或少数分子的具有检测、存储或逻辑运算功能的分子器件和分子电路，探索分子器件的普适性构筑与性能评价方法、分子器件中的量子现象与调控规律、分子器件的集成及协同效应问题、分子单元器件之间的互联，以及分子个体与外部环境的相互作用问题等；重视新原理分子器件、分子电路及大规模集成的理论研究。

4）有机纳米材料的结构规律和构效关系。可控地组装并研究一维、二维乃至三维有序的有机纳米材料，研究小尺寸、不同维数所导致的特殊性能，如载流子和能量的存储与转移、对客体分子的识别和囚禁、光-化学能转换、光电转换、高效存储、电荷分离及传输、分子开关效应等。

第三节 纳米结构物化性质的定量分析方法与纳米计量学

纳米结构物化性质的定量分析方法与纳米计量学的内容包括两个方面。

1）发展纳米尺度下各种物性及其输运性质的定性和半定量的表征方法，发展新的测量原理、方法和技术，实现纳米尺度基本物性的定量化测量，实现原位/外场作用下纳米材料性质与原子尺度结构演变的研究，对外场作用下缺陷的分布、成核、传播及缺陷最终导致纳米材料/器件的失效过程进行深入研究。

2）利用亚表面的结构对超声波的散射和对表面驻波的干扰，结合扫描探针显微技术的高分辨扫描和高灵敏探测，发展扫描近场超声全息成像技术，实现包埋的微电子结构和细胞内部结构的三维成像、现封装器件的工作状态的机制研究及器件的无损失效分析；发展电子学、生命科学、环境科学和能源科学所需要的纳米计量学。

纳米结构物化性质的定量分析和纳米科学的重要研究方向包括如下 8 个方面。

1）高时间、高空间、高能量分辨的纳米尺度化学信息识别技术。

2）发展材料亚表面结构和包埋结构的物理、化学信息的高分辨表征技术，实现 1 纳米或亚纳米分辨率的测量精度。

3）纳米尺度下光、电、热、磁、力等物性及其输运性质的定量表征技术。

4）微弱力的标定技术。

5）单分子光、电、磁性质及量子效应的探测与调控，实现原位、实时、活体的单分子检测、单分子操纵。

6）生物活体状态的纳米尺度化学信息识别技术。

7）发展封装器件的亚表面结构和性质的高分辨检测技术，进行封装器件的工作机制的研究及器件的无损失效分析。

8）纳米结构/纳米特性的三维可视化技术，实现具有 5 纳米分辨率的三维测量技术和标准；直接控制纳米结构的纳机电系统；量化生物系统与纳米粒子之间的相互作用。

第四节　纳米光电催化材料的设计合成及与光催化相关的研究

纳米光电催化材料的设计合成及与光催化相关的研究主要包

括如下内容：设计合成一系列新型可见光响应的光催化材料；研究纳米尺寸、形貌、结构等对光电催化分解水的影响；利用超快光谱和理论计算等深入理解光电、光化学转化过程的机理；基于表面纳米异相结和表面纳米异质结等新的理论和概念，设计、合成、筛选出新型光催化材料；发展高效的氧化、还原助催化剂，并进而发展高效光催化剂，组装出高效的太阳能光-化学转化制备燃料的光催化和光电催化系统。研究工作主要从以下五个方向开展。

1）发展能够提高纳米催化剂在反应过程中稳定性的有效方法和过程。研究利用多孔材料的限阈效应提高催化剂的稳定性，利用催化剂与载体的界面作用稳定催化剂。

2）发展新型高效非贵金属催化材料。制备纳米结构的金属氧化物、金属碳化物、金属氮化物等新型催化材料来减少贵金属用量并最终实现贵金属替代。

3）合成新型纳米光催化材料，利用其高效光催化和光电催化性能分解水制氢。设计并合成一系列新型可见光响应的纳米半导体材料，通过设计组装表面纳米异相结和表面纳米异质结提高电荷分离效率，设计合成表面纳米助催化剂，实现高效放氧和放氢。

4）合成新型纳米光催化材料及利用其高效光催化性能重整生物质和污染物制氢。太阳能光催化重整生物质和污染物制氢反应的实质可以看做以生物质作为电子牺牲剂的制氢反应。光催化重整生物质和污染物制氢有望成为光催化分解水实现之前的一种光催化制氢的途径。

5）合成新型纳米光催化和光电催化材料及利用其光催化还原二氧化碳制甲醇等燃料。采用光催化和光电催化进行二氧化碳的还原，实现人工光合作用；通过表面纳米结的设计合成和助催化剂的组装，实现氧化位和还原位的分离，抑制逆反应过程，提高太阳能光催化利用效率。

第五节 基于光、电、磁和量子效应的 新型微纳器件

我国的纳米器件与制造技术研究由于受到资源和微电子产业水平等诸多因素的制约，与发达国家相比存在着明显的差距。未来关于纳米器件的发展布局和发展方向主要是加强前瞻性、原创性的纳米器件基础与理论探索，力争在典型的纳米器件研究领域都有适当布局，重点发展以下五个方面。

1）纳电子器件与量子器件。①发展基于量子效应和新的尺度效应的信息处理理论和新器件原理，探索突破硅基微电子技术发展瓶颈的新材料、新技术和新思路，如碳纳米管、石墨烯、富勒烯衍生物、半导体纳米线基纳米器件的设计、加工和原理探索，基于库仑阻塞和单电子隧穿效应的单电子器件等。②开展新原理纳电子器件和量子器件的理论探索工作，并将理论与实验研究密切结合，解决材料设计、制备、剪裁，器件加工组装，以及高密度集成所涉及的关键科学和技术问题。

2）磁电子学与自旋电子学器件。重点研究新型准一维和二维纳米异质结构磁性材料中的自旋转移力矩效应、自旋轨道耦合效应、自旋相关的量子阱和库仑阻塞效应、磁致电阻和电致电阻效应、自旋极化电流驱动磁矩翻转效应等，探索利用自旋极化电流进行操控的新型磁电阻材料及相关器件原理，发展能与大规模半导体集成电路匹配的新型磁电阻原理型元器件（包括自旋纳米存储器、自旋纳米振荡器、自旋微波探测器、磁逻辑、自旋晶体管、自旋二极管等）、各种磁敏传感器，以及海量磁存储介质和磁读头应用技术等。

3）纳米光学与光电子器件。研究各种纳米材料和纳米结构与作为信息载体的光子之间的特殊相互作用，纳米结构中的光电转换与耦合效应，以纳米集成光路为终极牵引目标，重点发展纳

米线和量子点激光器、超高灵敏度光电探测器、表面等离子光电耦合与光波导器件、低功耗高效量子激射器件，以及电致发光显示器件、全波段光电换能器件、能量可调谐的单光子器件等新概念纳米光电器件。

4）分子电子学与分子器件。①针对分子电子器件的设计与制备，重点研究基于单分子或少数分子的具有检测、存储或逻辑运算功能的分子器件和分子电路，发展综合性能优异的分子电子材料，探索分子器件的普适性构筑与性能评价方法、分子器件中的量子现象与调控规律、分子器件的集成及协同效应问题、分子单元器件之间的互联，以及分子个体与外部环境的相互作用问题等。②重视包括仿生等新原理的分子器件和分子电路，以及大规模集成的理论研究。

5）延伸硅基微电子技术摩尔定律的新材料、新技术和新理论。针对传统硅基微电子技术在纳米化进程中面临的挑战，如量子隧穿效应、短沟效应及高功耗密度等，探索新型导电沟道材料、介电材料、互联材料、新型器件结构和工作机制，重点解决超低功耗集成电路、兼容互补金属氧化物半导体集成的新型超高密度存储技术，以及微纳集成电路所涉及的关键科学和技术问题。

第六节　纳米制造技术与纳机电系统

纳米制造技术与纳机电系统的研究内容主要包括三个方面：①重点发展纳米结构构筑的新理论和新方法，研究纳米尺度的可控结构制备和器件加工工艺，解决表面钝化、界面匹配和电极接触等存在的科学问题，实现从微观到宏观的无缝过渡；发展大范围可控自组装加工技术。②采用"自上而下"的微纳加工技术、纳米图案成形技术等与"自下而上"的操纵和自组装技术相结合的方法，进行目标导向性纳米结构与器件的制备；研究先进微纳加工手段,如纳米无掩膜光刻技术、电子束曝光技术、感应耦合等离子体刻蚀技术、纳米压印技术、扫描探针显微镜技术、蘸笔纳米刻蚀技术等在制备和表征纳米器件方面的应用。③构建纳电子器件、光电子器件,研究基于纳米线压电、力电特性且与纳机电系统相关的力电器件及纳机电系统的集成加工技术。

第七节　纳米材料在能量高效储存与转化中的应用研究

　　纳米材料在储备能量和转化中的应用,主要是指在高能电池方面的应用开发,其中包括绿色二次电池材料、燃料电池材料和太阳能电池材料等,纳米材料在提高转化效率方面起着非常重要的作用,应重点发展如下三方面研究内容。

　　1) 以锂离子电池为重点的绿色二次电池。廉价而性能优良的正负极材料的开发一直是锂离子电池研究的重点,而如何提高电极材料的比容量是关键问题。正负极材料纳米化可以极大提高材料的可逆容量和扩散速率,有效降低扩散活化能,是提高比容量行之有效的方法。

　　2) 燃料电池。规模制备高分散、低铂高效的纳米 Pt/C 或 Pt-Ru/C 等金属及纳米簇基催化剂是提高膜电极组件性能的关键技术之一。利用纳米粒子或纳米管的表面与界面效应,制备高催化活性催化剂,以提高转化效率。

　　3) 染料敏化太阳能电池。①在探索电极微结构与光电性质的基础上,优化纳米晶膜,使注入电子在传输过程中的损失达到最小,探索多种半导体纳米晶复合薄膜制备方法。②优化电极结构,以多种形态、暴露不同晶面的纳米晶或阵列传系为电极材料,探讨结构与光电转换效率的关系。③固体空穴传输材料的研究,利用固体空穴传输材料代替液体电解质,发展全固态太阳能电池。

第八节　纳米催化和化石能源的高效转化

纳米催化和化石能源的高效转化的研究内容主要是：①围绕基于费托合成技术的化石能源的高效转化和利用，以纳米催化材料的设计与可控制备为主线，发展具有特定尺寸、形貌及良好稳定性的纳米催化剂的定向合成方法，实现空间限域纳米催化剂、纳米复合催化剂的定向组装。②结合模型体系、原位表征技术和理论计算，揭示纳米催化材料的结构效应和限域效应及其与催化性能之间的关系，揭示相关化石能源反应的微观机制，借助对纳米催化材料结构效应和限域效应的调控，实现对化学反应的方向（选择性）与速度（效率与能耗）的定向控制。在此基础上实现若干能源催化过程（费托转化、合成气制乙醇等）的高活性、高选择性、低温和绿色化。

1）纳米限域体系催化剂及其催化合成气选择转化制乙醇等二碳（C_2）含氧化合物。①研究纳米孔限域催化体系用于合成气的选择性转化，实现反应的高选择性及催化剂在反应中的高稳定性，理解限域环境调变催化性能的微观机制。②通过纳米孔道的限域环境来调变催化剂的行为，研究纳米限域环境对催化材料的结构、稳定性、反应历程及反应选择性影响的内在规律。

2）金属纳米粒子催化剂及其在低温费托合成中的应用。①研究发展具有实用前景的新型的金属纳米粒子催化剂，应用于低温、高效费托合成，实现高选择性和高稳定性。②利用纳米粒子的大小、形貌、成分调控费托合成反应选择性，提高纳米粒子在反应中的稳定性。

3）纳米复合催化剂及其在提高能源效率和发展新能源中的应用。①研究纳米复合"金属/氧化物"、"氧化物/氧化物"催化剂体系的尺寸、界面与结构的设计原理及可控制备，揭示纳米复合催化剂与传统催化剂在反应活性和选择性方面的差异。②研究新型纳米复合催化剂体系的尺寸匹配效应、界面协同效应及其在节能高效的煤层气重整催化过程中的作用规律，建立贵金属节约型纳米复合催化剂的筛选规律及结构设计。

第九节　面向环境检测和治理的纳米材料与技术研究

　　纳米材料因其独特的纳米效应，可以显著提高材料的比表面积和反应活性。纳米材料有望在环境应用领域取得重大突破，实现对环境污染物的高效治理。因此，研究高效去除环境中有毒污染物的纳米材料和纳米技术，必将为满足我国的环境安全的战略需求、实现资源节约型和环境友好型社会的可持续发展战略做出重要贡献。面向环境检测和治理的纳米材料与技术研究的重点研究内容有如下五个方面。

　　1) 以环境应用为目标导向，深入研究环境治理纳米材料的合成、改性和修饰方法，以及纳米器件的组装方法；揭示纳米材料与环境应用之间的构效关系，在材料合成时从结构上保证材料的环境应用性能。

　　2) 建立、发展环境纳米材料界面反应过程的原位、动态、微观表征手段，揭示界面反应的过程与机制，揭示环境污染物的治理机制，通过界面过程的调控提高纳米材料的治理性能。

　　3) 构造新型的光催化、光电催化纳米材料和器件，实现复杂环境体系中高毒性、低浓度污染物特别是持久性有机污染物的高效、高选择性和低成本去除。

　　4) 研究具有吸附和催化等多重性能的复合纳米材料与器件材料，揭示污染物的吸附-催化降解等协同作用机制，建立具有明确环境功能的纳米材料和器件的制备方法和性能评价体系，实现对有毒污染物的大规模和高效净化。

5）研究环境过程对纳米材料的结构、形貌、物化性质的影响，以及有机化合物、重金属离子等化学污染物与纳米材料共存的联合毒性效应。在关注纳米材料的高浓度、高剂量的急性毒性效应的同时，重视对纳米材料长期、低剂量暴露的生物毒性效应方面的研究。

第十节 应用于农业领域发展的 纳米材料与技术

科研工作者已经开展对纳米技术在种植业、畜牧业、食品工业等领域的研究，并取得了较好的效果，未来需要进行更加深入的研究，以实现产业化应用。目前在农业领域开展的纳米技术研究主要集中在种植业（主要是农药、助长剂、土地调理剂、果蔬保鲜等方面）和畜牧业（主要在饲料、兽药等方面）两个方面。目前仍然有大部分空白领域有待研究。因此，纳米技术在农业领域的发展和应用具有十分广阔的前景。

纳米材料与技术在农业领域的重点发展方向主要包括四个方面。

1）发展有利于提高农作物产量的纳米技术，通过纳米转基因技术培育新品种，提高抗病能力和产量。

2）由于农作物染病蔓延速度较快，危害巨大，发展快速的早期农作物疾病诊断具有十分重要的意义，对农作物的增产将产生积极的作用。快速、灵敏、便携的农作物病害检测技术在检疫方面将起到重要作用，具有很高的实用价值。

3）应用纳米技术开发用于预防牲畜疾病的纳米疫苗和用于饲料的纳米技术，提高牲畜的存活率与质量。

4）将绿色纳米技术应用于农副产品的检验、保鲜、保质等，开发用于食品安全保鲜和运输的技术和产品。

第十一节　用于重大疾病诊断与治疗的纳米医学技术

　　纳米医学技术是指基于纳米尺度下物质出现的新的生物学效应而发展起来的疾病治疗与诊断新技术。威胁人类健康的一些重大疾病，如癌症、艾滋病、心血管疾病等，面临许多现有技术无法攻克的难题（如抗药性问题、药物的高毒性问题、药物水溶性问题、肿瘤转移问题、艾滋病疫苗的有效佐剂问题等）。如何利用纳米技术为攻克这些难题提供方案，已经成为纳米生物医学的前沿发展方向，同时也为攻克这些难题带来了新的机遇。以发现新的纳米结构作为低毒高效肿瘤治疗药物、新的低毒药物载体和新的诊断纳米试剂等为核心开展研究：①提高纳米材料在药物输送和临床诊断方面的效率和准确度；②探索高效低毒肿瘤治疗药物的新机制；③研究肿瘤个性化治疗的途径和相关的重大科学问题。

　　具体研究内容包括实现纳米颗粒的高效低毒性能的纳米表面化学修饰问题；脂溶性药物的亲水性纳米材料装载系统；基于纳米材料的靶向药物输送和药物缓释，提高药物在病灶部位的浓度和保留时间，同时降低其在正常器官的分布，从而增强药物疗效和降低毒性；降低细胞抗药性和药物毒性的多功能多机制纳米药物体系；具有个性化治疗功能的纳米药物体系；对肿瘤转移癌细胞敏感的纳米药物体系；提高心血管药物功效的纳米体系；提高艾滋病疫苗或药物功效的纳米体系，如新型佐剂等。

第十二节　基于多功能纳米探针的生物纳米技术与疾病早期诊断

　　纳米生物探针是一类可对特定的靶分子具有多功能复合和

生物选择性作用的生物功能化纳米材料与探针，是为了满足生命体系中的生物靶分子的高灵敏、特异、超快速和多元检测的需要而设计的，既可利用其纳米信号放大功能和催化性能，进行复杂、微弱生命信息的提取，建立疾病早期诊断新方法，又可利用其识别功能，识别病变细胞（如肿瘤细胞表面受体），实现靶向给药，以降低治疗成本，减少药物的毒副作用，提高疾病的治愈率。重点发展方向有两个：①细胞水平的实时动态过程的分子影像和单分子示踪技术；②针对重要疾病早期快速诊断，设计和发展多功能纳米生物探针和生物传感技术，同时用于成像和靶向治疗、靶向双模式成像，或者用于靶向双重药物治疗。

第十三节　纳米材料在再生医学领域的研究应用

纳米材料在再生医学领域的研究应用应重点开展以下三方面的工作：生物材料和组织工程的新技术，生物体外工程器官修补，具有智能响应性能的生物材料。具体包括四个方面的研究内容：①利用生物体自身的修复机制，预防和治疗一些慢性疾病（如糖尿病、骨关节炎、心血管和中枢神经系统的退化性障碍、致残性损伤等）；引发骨关节炎中新软骨的再生；引导生物神经系统和心脏的修复机能等。②基于纳米技术发展原位组织再生治疗方法。③利用增强氧化锆和氧化铝纳米复合材料创造超过30年生命周期的陶瓷-陶瓷移植材料；建立纳米工程支架以支撑眼角膜内不同类型细胞的生长。④利用纳米技术模仿自然的情况，实现蛋白质、肽、基因的顺序输送，这样便可得到生物活性材料，它以受控的频率释放信号分子，继而依次引发周围细胞的反应。

第十四节　人造纳米材料的生物效应与安全性

人造纳米材料的生物效应与安全性研究包括如下内容：利用动物模型和细胞模型，研究我国大规模生产及实际应用的纳米材料的生产和工作环境，以及发展纳米科技十分重要的新型纳米材料的生物学效应，阐明和指导这些纳米材料在实际应用中的生物安全性。重点发展研究内容如下：①纳米颗粒穿越生物屏障的化学生物学过程和机制。②纳米颗粒与生物体的选择性相互作用。③纳米安全性评估、纳米安全性分析数值模型研究。④研究纳米颗粒对细胞信号传导通路、细胞离子通道、血液系统、免疫系统的作用。⑤纳米材料生产环境流行病学调查及健康效应的机制研究，包括纳米颗粒生产环境暴露评价；纳米颗粒健康效应剂量反应关系的建立；为我国纳米安全标准化工作提供重要的科学依据和理论基础，同时建立纳米生物安全性标准化评价方法和体系。

第十五节　纳米仿生技术

从仿生角度出发，从分子、纳米、微米尺度体系深入研究自然界中具有特异性能的材料物理化学结构特征，特别是对其功能起关键作用的表、界面结构与特性的内在联系进行研究，揭示自然材料的多尺度微观结构与结构性能之间的本质关系。重点研究内容如下：①自然材料的微观结构分析与表征方法。②自然材料的特异功能与其多尺度微观结构的关系。③纳米仿生的设计原理探索与理论研究等。

第十六节　纳米科技中的基础理论研究

纳米科技中的基础理论研究内容包括如下四个方面。

1）在纳米材料方面，为实现纳米材料性能的分子设计和结构调控，应注重发展基础理论研究，提供分子科学模型，认识纳米材料的构效关系。

2）在纳米器件与制造的相关理论研究方面，重点开展新原理纳米器件和量子器件的理论研究，从理论上探索解决和跨越现行微电子技术瓶颈的新材料、新器件结构及大规模器件集成方法；发展纳米结构加工与纳米制造的新理论、新技术。

3）围绕合成气高效转化等重要能源催化反应，构建相应的模型催化体系，为催化剂和催化反应的设计提供理论指导，通过理论计算研究影响催化反应活性和选择性的微观机制，探明反应机制，构建结构-性能关系并发展新的理论模型和方法。

4）在纳米生物医学方面，通过开展基础理论研究，探讨以下问题：药物分子/纳米颗粒与生物大分子的相互作用；纳米材料对生物分子构象的影响；纳米颗粒与生物膜的相互作用；纳米颗粒性状与毒性的关系；生物大分子的结构与弹性；天然或人工生物分子机器（如核酸分子器件）的构象动力学和非平衡态统计力学；生物大分子的粗粒化建模与分子动力学模拟；针对单分子实验数据的时间序列分析及建模；生物膜上纳米畴筏结构形成的机制；纳米安全性数值分析模型的建立。

第六章

国际合作与交流

第一节　世界上国际合作与交流的发展态势

　　纳米科技属多学科交叉的研究领域，涉及的学科领域和应用范围极为广泛，纳米科技领域的发展很难由一个国家独立完成，因此国际合作变得十分重要，合作的程度也需要十分深入。各国均积极开展国际科技合作和交流，通过政府间的多边关系、双边关系和多种民间渠道开展国际合作和交流，包括采用多种方式进行人员交流及学术交流，积极聘请外国专家讲学和开展合作研究。例如，英国、法国和德国等欧洲国家除了制订本国纳米技术发展计划外，还积极参加跨国的国家联合纳米科技计划。美国与欧洲委员会合作发布了纳米科技合作计划。欧盟《第七框架计划（2007～2013年）》明显加大了国际合作的力度。为此，欧洲纳米技术协作组织下属的前沿研究协会于2006年5月16～17日在西西里召开会议，以激励和讨论成员间的科学整合，会议还决定了未来研究的方向并发起新的国际合作。通过整合以巩固欧洲在纳米科技上的地位，增强其同美国和日本在研发方面的竞争力。

　　其结果是纳米研究领域的国际合作论文数量和所占比重逐年上升。在论文的合作方面，欧洲国家发表国际合作论文数量所占的比重达到50%以上；美国、德国、法国和俄罗斯等国的国际合作论文比重紧随其后，并呈逐年升高趋势；日本、中国、韩国、印度等亚洲国家的合作论文则较少。这一方面是由于地理因素，欧洲国家之间的交流合作更为便利，另一方面反映了欧洲国家整体研究实力较强。

第二节　我国国际合作与交流的发展态势特点和布局

　　我国与美国、日本和德国这几个论文产出位居前列的国家合作较多，我国与其合作的论文篇数在我国全部合作论文数中所占的比重都超过了10%，特别是与美国的合作论文数所占比重超过了30%。但是，与之相比，我国与法国、英国、韩国、意大利、俄罗斯和西班牙这些纳米科技论文数也较多的国家合作相对较少，而与日本、新加坡、韩国、中国台湾等亚洲国家和地区的合作较多。说明我国与美国、日本和德国在纳米领域开展国家间的"强强合作"比较明显，但同时与其他纳米科技研究较先进国家和地区的国际合作较少。全面开展多层次国家间的纳米科研交流，可以增强我国纳米国际合作构架的立体感。最近几年国际合作的发展，使我国与各国合作的论文数大都保持上升的趋势，而且增幅较大。

　　在纳米科技的不同领域，我国开展国际合作的程度不同，在各个方向的国际合作论文数所占比重差别明显。纳米材料与该方向国际合作论文比重基本一致，纳米器件与制造研究方向的比重较低，而纳米生物与医学和纳米表征技术两个方向又超过相应方向的世界国际合作论文比重很多。我国在纳米生物与医药和纳米结构表征与检测两个方向所发表的研究论文数较少，论文数所占比重也低于相应方向世界论文数所占比例。这两个研究方向是我国纳米研究相对较弱的两个方向。而这两个研究方向的国际合作程度又是最高的。这表明我国在这两个研究方向上正在通过开展国际合作，来达到提高自身研究实力的目的。在保持纳米材料领域的国际合作的同时，要重点发展纳米器件与制造，纳米表征技术和纳米生物与医学领域的国际合作。合作中要注意"强强合作"与"我弱他强合作"并重，合作方式要注意个体合作与群体合作并重，合作国别要注意发达国家与发展中国家并重。进一步加强与美国、日本、德国、法国、英国等发达国家的合作，同时深入开展与俄罗斯、印度、南非等发展中国家的合作（参见科学技术部国际合作司和中国科学技术信息研究所，2004 年 7 月的《纳米研究领域国际合作状况和主要研究机构与科学家的分布》研究报告）。

第三节　注重加强国际合作的研究领域和方向

　　纳米材料是我国在纳米科技领域中发展比较快、水平比较高的方向，与发达国家相比，我国在纳米材料方面的研究成果居于世界前列。故应加强与发达国家的"强强合作"，注重相比之下较为薄弱研究方向的合作。这些比较薄弱的研究方向主要有三个：①具有纳米结构的功能高分子薄膜构筑与图案化，在这方面美国有较大的研究优势，可注重加强与美国相应方向研究组的合作与交流；②在有序纳米介孔材料的可控合成及应用方面，应注重与国际合作探讨介孔材料在清洁能源、生命科学、环境保护和医疗健康等领域的应用研究，为纳米材料的应用找到合适的方向；③纳米材料生长机制、生长过程的原位观察、本征物性的解明、纳米材料设计等方面我国也比较薄弱，建议加强在这些方面的国际合作。

　　我国在纳米表征技术方面的发展较快，基本上与国际水平相当，在未来与国际合作中引进新技术的同时要加强核心技术的交流，注重仪器的自主研发，降低对进口仪器的依赖。

　　目前，我国在纳米器件与制造领域与发达国家有一定的差距，应积极推动实质性的国际合作与交流，通过一定的经费资助机制，促进与欧洲国家、美国、日本等国际上高水平的研究机构建立长期稳固的科研合作关系，联合培养前沿交叉学科领域的优秀人才。优先开展合作的领域包括新原理纳米器件和纳米制造技术探索、纳米器件加工，以及纳米器件理论方法和模拟软件设计等。

近年来，我国的纳米催化研究进展迅速，许多领域在国际上已经占有一席之地。在未来的国际合作中需要更注重与国际上主要的纳米催化研究中心建立长期的合作关系，重点资助青年研究人才和学生的交流与访问，建立实验室间长期合作的有效机制。同时注重与国际大公司的合作，推动基础研究与应用研究相结合，尽快实现相关成果的产业化。

现代生物医学的发展需要以高端新技术为依托，而这类新技术所需的人力资源、财力资源及专业技术资源，通常是单一或少数的研究团队所不能达到的，因此需要与国际上多个研究领域团队进行合作。当生物医学的尖端新技术建立之后，将能够受益于多个领域，提高单一领域的研究潜能。例如，美国斯坦福大学建立的生物交叉学科研究中心（BIO - X）就是多领域合作的成功案例，该中心的目标在于将多种学科研究力量汇聚在一起，有效地促进跨学科的教学和研究。目前，在我国需要开展国际合作的优先领域主要有三个：肿瘤纳米技术，包括早期诊断和低毒治疗；生物纳米技术，包括单细胞、单分子水平上的纳米检测技术；纳米材料与产品的安全标准制定。

我国应成立中国纳米生物与医学研究国际合作协调办公室，以加强对纳米生物与医学国际合作的宏观指导和管理；协调国内各部门包括部委系统、中国科学院系统和高校系统在纳米生物与医学研究国际合作中的立场和行动；以正式刊物的形式交流信息；协调财政、海关、保密等相关部门并制定相应的政策措施；对全国纳米生物与医学研究国际合作的总体形势、部门实力做出评估。建立纳米生物与医学研究国际合作数据库，定期组织对在研究的和已完成的纳米生物与医学研究项目的国际合作进行评估。建议设立纳米生物与医学研究国际合作专项经费，以支持政府间及科研机构间的纳米生物与医学研究国际合作。

我国应通过国家自然科学基金委员会设立国际合作项目,支持科学家与国际同行的合作申请,保障国际合作的顺利实施。建立奖励国际合作外国专家的机制,吸引国外著名科学家参与我们的国际合作,加大国家自然科学基金委员会在国际合作中的宏观协调力度,充分发挥国家自然科学基金委员会对外合作交流的优势和导向作用。

第七章

未来纳米科技发展的保障措施

第一节　基础研究方面的政策

纳米科技发展基础研究方面的政策如下。

1）设立一个良好的管理机制，优化和改进现有的学术评价方法和机制。目前，我国对纳米科技发展的政策性措施已经比较健全，但机制上缺乏可持续发展的保证，缺少相应的机制机构，应考虑建立专门指导纳米科技可持续性发展的机制机构，使纳米科技在众多学科发展中具有相应的一席之地。

2）鼓励学科交叉，促进部门合作，形成有助于促进多学科交叉的经费资助机制，注重研究资源的共享和整合。支持和纳米相关的各领域的合作和交流，在纳米生物与医学方面，今后尤其需要鼓励临床医生的积极参与，并从临床面临的重大问题出发，真正实现用纳米生物医学的技术和手段解决临床诊断和治疗中遇到的棘手问题，实现基础研究到应用研究的桥接。

3）进一步加大科研基础设施投入，不断改善科研条件，保证科研能力；项目支持确保一定的延续性，并稳定重点支持一批优秀的实验室和研究基地，使其能够持续稳定地开展高水平研究，保障具有深厚积累的科研人员能够专心于科研工作；依托科研单位及高等院校开展纳米科技研究平台建设，通过重点资源配套，加强管理，确保高质量的研究平台建设；加大对纳米器件和纳米生物医学领域的财政投入，提高资助比重和资助额度，支持高水平的基础研究，保障该领域的可持续发展。

4) 建议大力支持源头创新的想法和研究，建立鼓励原创性工作、宽容探索性失败的机制。

5) 注重与产业界的早期联系，纳米科技的发展已经到了和产业界进行合作的阶段，产业界的需求能为基础科学研究起到导向作用。

6) 改善科研投入的不均衡现象，注重对西部和不发达地区的科研的稳定长期支持，整体提高我国科研发展水平。

7) 伴随着纳米科技的快速发展，纳米技术应用的社会影响也引起各国的关注。美国、英国、欧盟等均已开始对纳米科技的生物安全性和伦理学等方面的问题提出思考，成立了专门的纳米伦理学研究机构对此问题进行探讨研究。纳米科技的快速发展和广阔的应用前景使我们要及时对可能的社会学问题和伦理学问题进行研究，结合科学技术专家、社会学家、经济学家等对纳米科技的社会影响作全面分析，对技术和社会、环境影响做出综合分析，对纳米科技发展政策提出建议，为纳米科技的可持续发展提供保障。

第二节　人才队伍建设方面的政策

人才队伍建设方面的政策主要包括如下三个方面。

1) 提高待遇，吸引研究人才。具备条件的岗位要面向海内外公开招聘，加大各类优秀人才引进力度。

2) 切实保障科技人员有效工作时间。进一步简化项目申报和评审程序，改进评审办法，保证科技人员充分发挥在科研上的能力。

3) 加强人才培养和人员交流。①推动和促进国内研究人员在不同学科领域的继续学习与继续教育；建立国内各重点实验室或者研究机构的访问学者机制。②重视队伍尤其是团队建设，在团队资助方面有所倾斜，配套"973 计划"、"863 计划"给予重点支持，以便形成几支特色鲜明的高水平纳米器件研究团队；鼓励团队内部、团队之间、理论研究与实验研究的密切合作；鼓励原创性工作。

纳米器件与制造方向

1. 数据来源

进行的计量分析所使用的数据均来自 Web of Science，包括科学引文索引（SCI）、社会科学引文索引（SSCI）和艺术与人文引文索引（A&HCI）三个引文数据库。Web of Science 是美国科学技术信息情报所（ISI）的 SCI、SSCI 检索数据库的入口网站。每一条数据记录主要包括文献的作者、题目、摘要、源期刊和文献的引文。用于分析的工具是 CiteSpace 信息可视化软件。

以 nano AND（device* OR fabricat* OR manufact*）为标题进行检索，共获得 1364 条文献数据（2009 年 10 月 12 日检索）。从每年在 Web of Science 数据库中收录的数据分布情况来看，纳米器件与制造相关研究的文献数据总体上呈上升趋势（附图 F-1），本分析所使用的是 2000～2009 年的数据。

2. 国际纳米器件与制造发展的文献可视化分析

CiteSpace 信息可视化软件使用谱聚类（spectral clusters）算法对纳米器件与纳米制造领域的文献进行文献共被引网络聚类分析，在此基础上，软件使用 TF * IDF 算法可以对聚类进行自动标注，使用的标识词来源于聚类施引文献的标题。附图 F-2 中，对区分成分分析 DCA 网络聚类的标注，选择的是 TF * IDF 算法，标识词来源于施引文献的题目。

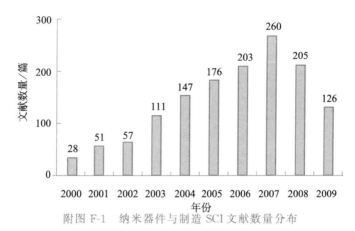

附图 F-1　纳米器件与制造 SCI 文献数量分布

资料来源：根据 Web of Science（SCIE）数据库整理得出。

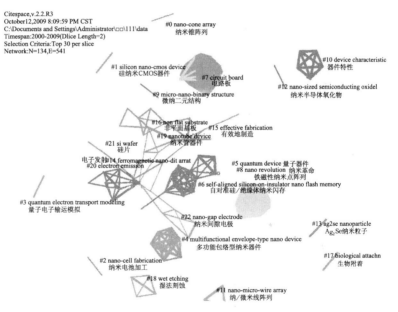

附图 F-2　纳米器件与制造研究领域文献共被引网络的聚类图谱

资料来源：北京大学 2009 年发布信息。

纳米催化方向

1. 数据来源

近年来纳米催化科学论文发表增长情况以 nano AND（catalysis OR catalyst OR catalytic）为关键词检索到 SCI 论文年分布如附图 F-3 所示。

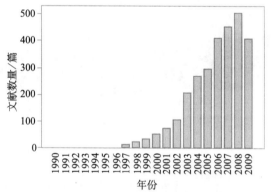

附图 F-3　以 nano AND 为关键词检索到 SCI 论文年分布图

资料来源：根据 Web of Science（SCIE）数据库整理得出。

2. 国际纳米催化发展的文献可视化分析

计量分析所使用的数据均来自 Web of Science，包括 SCI、SSCI 和 A&HCI 三个引文数据库。

以 Topic =（"nano-catalysis" or "nano-catalyst" or "carbon

nano tube" or "nano particle") 为检索式进行检索, 共获得 1258 条文献数据 (2009 年 9 月 27 日检索)。从每年在 Web of Science 中收录的数据的分布情况来看, 纳米催化相关研究的文献数据逐年呈上升趋势 (附图 F-4), 本分析所使用的是 1997~2008 年的数据。

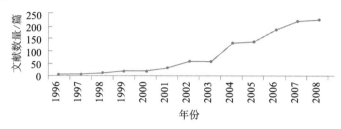

附图 F-4　Web of Science 中纳米催化研究文献数量分布

资料来源: 根据 Web of Science 中数据整理得出。

附录三

纳米科技相关项目获国家级奖励情况

纳米科技相关项目获国家级奖励情况如附表 F-1～附表 F-5 所示。

附表 F-1　2006 年获国家自然科学奖一等奖项目

获奖年度	项目名称	主要完成人	推荐单位
2006	介电体超晶格材料的设计、制备、性能和应用	闵乃本、朱永元、祝世宁、陆亚林、陆延青	教育部

附表 F-2　2006 年获国家科技进步奖一等奖项目

获奖年度	项目名称	主要完成人	推荐单位
2006	高端硅基 SOI 材料研发和产业化	王曦、林成鲁、张苗、陈猛、俞跃辉、张峰、李炜、宋志棠、张正选、刘卫丽、王连卫、林梓鑫、陈静、李守臣	上海市

附表 F-3　2000～2008 年获国家自然科学奖二等奖项目

获奖年度	项目名称	主要完成人	推荐单位
2008	原子分子操纵、组装及其特性的 STM 研究	高鸿钧、宋延林、时东霞、张德清、庞世瑾	中国科学院
2008	功能纳米材料的合成、结构、性能及其应用探索研究	李亚栋、王训、彭卿、孙晓明、李晓林	北京市
2008	新型规则纳米孔材料的分子工程	裘式纶、朱广山、李晓天、张宗弢、方千荣	教育部
2008	用于纳电子材料的碳纳米管控制生长、加工组装及器件基础	刘忠范、张锦、朱涛、吴忠云	教育部
2007	功能准一维半导体纳米结构与物理研究	俞大鹏、冯孙齐、徐军、薛增泉、奚中和	教育部

续表

获奖年度	项目名称	主要完成人	推荐单位
2007	纳米硅-纳米氧化硅体系发光及其物理机制	秦国刚、冉广照、秦国毅、徐东升、张伯蕊	教育部
2007	新型光电功能分子材料与相关器件	朱道本、刘云圻、于贵、唐本忠、白凤莲	中国科学院
2007	固液界面的分子组装与调控及电化学 STM 研究	万立骏、徐庆敏、潘革波、宫建茹	中国科学院
2007	纳米冷阴极及其器件研制	许宁生、陈军、邓少芝、李志兵、佘峻聪	广东省
2007	纳微尺度流体流动与传热传质的基础研究	郑平、吴慧英	上海市
2006	碳原子团簇的形成研究	郑兰荪、黄荣彬、谢素原、吕鑫、高飞	厦门市
2006	一维纳米线及其有序阵列的制备研究	张立德、孟国文、李广海、叶长辉、李勇	安徽省
2006	单壁和双壁碳纳米管的制备和研究	成会明、李峰、刘畅、丛洪涛、任文才	中国科学院
2006	碳纳米管宏观体的研究	吴德海、朱宏伟、韦进全、曹安源、张先锋	教育部
2005	具有特殊浸润性（超疏水/超亲水）的二元协同纳米界面材料的构筑	江雷、翟锦、宋延林、李玉良、朱道本	北京市
2005	氧化物辅助合成一维半导体纳米材料及应用	李述汤、张亚非、王宁、马多多、张瑞勤	香港特别行政区
2005	非均质材料显微结构与性能关联：理论及实践	南策文	北京市
2004	原子尺度的薄膜/纳米结构生长动力学：理论和实验	王恩哥、薛其坤、贾金锋、刘邦贵、张青哲	北京市
2004	有序排列的纳米多孔材料的组装合成和功能化	赵东元、唐颐、余承忠、屠波、高滋	上海市
2004	半导体纳米结构物理性质的理论研究	夏建白、李树深、常凯、朱邦芬	中国科学院
2004	新型半导体异质结构和器件物理研究	郑有炓、张荣、施毅、沈波、顾书林	江苏省
2004	若干低维材料的拉曼光谱学研究	张树霖、顾镇南、蔡生民、施祖进	北京市
2003	光电功能膜材料基础研究	黄春辉、李富友、甘良兵、黄岩谊、王科志	专家推荐
2003	纳米结构氧化锌半导体 ZnO 薄膜的室温紫外激光发射	汤子康、王克伦	香港特别行政区

续表

获奖年度	项目名称	主要完成人	推荐单位
2003	有序可控硅基量子结构的构筑原理与光电子特性	陈坤基、徐 骏、黄信凡、冯 端、李 伟	江苏省
2002	定向碳纳米管的制备、结构和物性的研究	解思深、李文治、潘正伟、孙连峰、周维亚	中国科学院
2002	高分子稳定金属纳米簇的合成及催化研究	刘汉范、于伟泳、左晓斌、涂伟霞、王 远	中国科学院
2002	C_{60} 的化学和物理若干基本问题研究	朱道本、李玉良、严继民、赵忠贤、徐 愉	中国科学院
2002	金刚石及新型碳基材料的成核与生长	李述汤	香港特别行政区
2002	硅基低维结构材料的研制、物性研究及新型器件制备	陆 昉、蒋最敏、王 迅、龚大卫、樊永良	专家推荐
2001	纳米非氧化物的溶剂热合成与鉴定	钱逸泰、谢 毅、李亚栋、唐凯斌、俞书宏	中国科学院
2001	自组织生长量子点激光材料和器件研究	王占国、封松林、徐仲英、梁基本、徐 波	中国科学院
2001	纳米润滑的研究和实验	温诗铸、雒建斌、黄 平、沈明武、史 兵	教育部
2000	低维结构的量子特性及计算设计研究	朱嘉麟、顾秉林、段文晖、倪军、熊家炯	教育部

附表 F-4　2000～2008 年获国家技术发明奖二等奖项目

获奖年度	项目名称	主要完成人	推荐单位
2008	纳米晶磷酸钙胶原基骨修复材料	崔福斋、冯庆玲、李恒德、王继芳、俞兴、蔡强	教育部
2008	非硅 MEMS 技术及其应用	陈文元、赵小林、丁桂甫、陈迪、张卫平、孙方宏	上海市
2007	超细（可达纳米级）橡胶颗粒材料的制备和应用技术	乔金梁、张师军、魏根栓、张晓红、刘轶群、张薇	中国石油化工集团公司
2007	纳米级精密定位及微操作机器人关键技术	孙立宁、荣伟彬、曲东升、杜志江、陈立国、刘延杰	黑龙江省
2007	激光合成波长纳米位移测量方法及应用	陈本永、李达成、周砚江、张丽琼、罗剑波、孙政荣	浙江省
2006	纳米氧化物浓缩浆与纳米复合涂料	韩恩厚、刘福春、柯 伟、张帆、陈群志、杨立红	辽宁省
2006	硅基 MEMS 技术及应用研究	王阳元、张大成、郝一龙、闫桂珍、李 婷、张海霞	北京市
2005	扫描电声显微镜及其相关器件和材料	殷庆瑞、钱梦騄、罗豪甦、杨阳、李国荣、惠森兴	上海市

续表

获奖年度	项目名称	主要完成人	推荐单位
2005	基于 MEMS 的载体测控系统及其关键技术研究	周兆英、朱荣、熊沈蜀、王晓浩、宋宇宁、魏强	教育部
2005	亚 30 纳米 CMOS 器件相关的若干关键工艺技术研究	徐秋霞、钱鹤、韩郑生、刘明、陈宝钦、叶甜春	北京市
2002	纳米粉体材料超重力法工业性制备新技术	陈建峰、王玉洪、郭锴、宋云华、郭奋、郑冲	北京市

附表 F-5　2000～2008 年获国家技术发明奖二等奖项目

获奖年度	项目名称	主要完成人	推荐单位
2008	90 纳米至 65 纳米极大规模集成电路大生产关键技术研究	王阳元、吴汉明、康晋锋、严晓浪、郝跃、徐秋霞、高大为、史峥、田立林、王漪	教育部
2008	纳米硅复合薄膜的快速沉积及节能镀膜玻璃产业化关键技术	韩高荣、杜丕一、宋晨路、翁文剑、杨辉、沈鸽、张溪文、赵高凌、徐刚、刘涌	浙江省
2008	纳米晶软磁合金及制品应用开发	周少雄、卢志超、李德仁、王六一、李俊义、刘宗滨、丁力栋、韩伟、张志英、张宏浩	中国钢铁工业协会
2007	聚合物基无机/有机纳米复合材料及其制品工业化技术	陈建峰、王国全、曾晓飞、邹海魁、俞兴尧、杨国增、沈志刚、刘芳兴、初广文、毋伟	中国石油和化学工业协会
2006	热塑性高聚物基纳米复合功能纤维成形技术及制品开发	朱美芳、王华平、陈彦模、张瑜、张玉梅、吴文华、孙宾、俞昊、王彪、邢强	上海市
2006	微特电机用纳米晶复合永磁材料及其元器件研究与开发	刘颖、王永强、涂铭旌、赵淳、高升吉、李兆波、李世贵、李军、叶金文、连利仙	四川省
2005	几种无机纳米材料的制备及应用研究	汪信、陆路德、杨绪杰、刘孝恒、王晓慧、李丹、朱俊武、卓凤利、吴汾、施丽萍	江苏省
2005	纳米铝粉包覆的复合型涂层材料	于月光、曾克里、任先京、许根国、陈舒予、宋希剑、周传让、李振铎、尹春雷、刘海飞	中国有色金属工业协会

致谢

在本书完成过程中，得到战略研究组和秘书组各位专家的宝贵意见和建议，在此向他们致以最诚挚的谢意！

对李亚栋为组长的纳米材料组、王琛为组长的纳米表征技术组、刘忠范为组长的纳米器件与制造组、包信和为组长的纳米催化组、赵宇亮为组长的纳米生物与医学组的五个调研组，和提供统计数据的国家自然科学基金委员会计划局及中国科学院国家科学图书馆纳米科技领域团队谭宗颖等人的辛勤工作致以最真诚的感谢！

在本书整体修改过程中得到了多位专家细致入微的修正和指导性的建议，代表专家有解思深、王恩哥、薛其坤、都有为、王琛、陈拥军、成会明、李玉良、张跃、王远、王柯敏、李微雪、刘庄、刘冬生、顾忠泽、顾民、丁建东、郑南峰、郭良宏等人，在此对他们的付出致以最由衷的感谢！